21 世纪普通高等院校规划教材——信息技术类

普通高等教育"十二五"规划教材

C 语言程序设计实验指导

主　编　肖志军
副主编　张茂胜　杨夏妮　闭吕庆　熊春荣

U0287945

西南交通大学出版社
·成　都·

内容简介

本书是为主教材《C 语言程序设计》编写的配套实验指导书。

全书由 11 个实验组成，每个实验都包括了调试示例题、改错题和编程题。通过介绍分散在各个实验中的调试示例题的常用的程序调试方法来逐步熟悉编程环境，掌握基本的程序调试方法。改错题能加深对易混淆知识点的理解和掌握。读者学习时可以先模仿示例操作，然后再做改错题和编程题，通过对调试示例题的"模仿"、改错题的"修改"和编程题的"编写"等上机实践训练，可在循序渐进的引导中逐步熟悉编程环境，理解和掌握程序设计的思想、方法和技巧，以及程序调试方法。

图书在版编目（ＣＩＰ）数据

C 语言程序设计实验指导 / 肖志军主编. —成都：西南交通大学出版社，2013.3（2019.1 重印）

21 世纪普通高等院校规划教材. 信息技术类　普通高等教育"十二五"规划教材

ISBN 978-7-5643-2235-9

Ⅰ. ①C… Ⅱ. ①肖… Ⅲ. ①

C 语言－程序设计－高等学校－教学参考资料 Ⅳ. ①TP312

中国版本图书馆 CIP 数据核字（2013）第 042053 号

21 世纪普通高等院校规划教材——信息技术类

普通高等教育"十二五"规划教材

C 语言程序设计实验指导

主编　肖志军

责 任 编 辑	黄淑文
特 邀 编 辑	黄庆斌
封 面 设 计	本格设计
	西南交通大学出版社
出 版 发 行	（四川省成都市二环路北一段 111 号
	西南交通大学创新大厦 21 楼）
发 行 部 电 话	028-87600564　87600533
邮 政 编 码	610031
网 址	http://www.xnjdcbs.com
印 刷	成都中永印务有限责任公司
成 品 尺 寸	185 mm×260 mm
印 张	5.875
字 数	147 千字
版 次	2013 年 3 月第 1 版
印 次	2019 年 1 月第 2 次
书 号	ISBN 978-7-5643-2235-9
定 价	16.00 元

目　　录

实验 1　熟悉 C 语言编程环境

【实验目的】

（1）熟悉 C 语言编程环境 Microsoft Visual C++ 6.0，掌握运行（编辑、编译、连接和运行）一个 C 程序的基本步骤。

（2）了解 C 程序的基本框架，能参考教材例题编写简单的 C 程序。

（3）理解程序调试的思想，能找出并改正 C 程序中的语法错误。

【实验内容】

1. 建立一个文件夹，存放 C 程序

在磁盘上新建一个文件夹，用于存放 C 程序，如 D:\C 程序。

2. 编程示例

编写一个输出"Welcome to You!"的程序。

源程序：

```
#include <stdio.h>
void main( )
{
    printf("Welcome to You!\n");
}
```

下面就是在 Microsoft Visual C++ 6.0 的编程环境下，以上述 C 语言源程序为例，介绍从新建到运行一个 C 程序的基本步骤。

3. 新建并运行一个 C 程序

第一步，启动 Microsoft Visual C++ 6.0（VC++）。

启动 VC++，可以通过"开始"菜单，也可以通过桌面快捷方式。启动之后，将看到的是空白的 VC++开发环境，如图 1.1 所示。

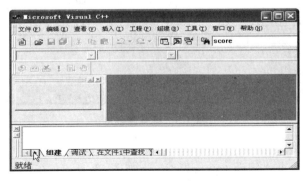

图 1.1　VC++ 窗口

第二步，新建一个文件。

选择"文件"菜单下的"新建"命令，在弹出的"新建"对话框中选择"文件"选项卡，并做如图1.2所示的设置。

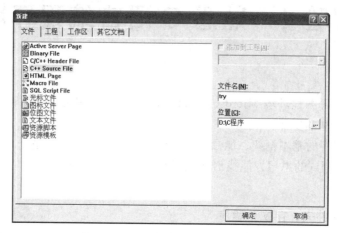

图 1.2　新建文件

在"文件"选项卡中，进行如下操作：

（1）选择"C++ Source File"文件类型；

（2）输入文件名 try，默认创建的是 .cpp 文件。

（3）程序保存在 D 盘根目录下的"C 程序"文件夹。该选项不需要手工输入，可以单击在"位置"右下方的 **...**（choose directory）按钮，来选择已经建立好的文件夹。

第三步，编辑和保存源程序。

当 try.cpp 源文件创建后，就会出现空白的程序编辑窗口，即可编辑 C 程序源代码。在程序编辑窗口中输入源程序，如图1.3所示。然后执行"文件"菜单下的"保存"命令，保存源文件。

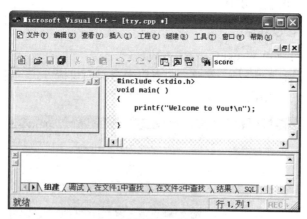

图 1.3　编辑源程序

第四步，编译源程序。

执行"组建"菜单下的"编译[try.cpp]"命令，如图1.4所示，在弹出的消息框中单击"是"按钮，如图1.5所示，开始编译，并在信息窗口中显示编译信息，如图1.6所示。

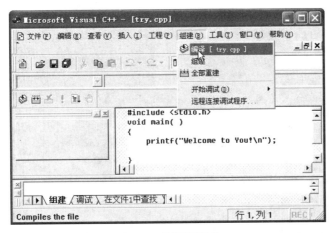

图 1.4　编译源程序

图 1.5　创建工作空间消息框

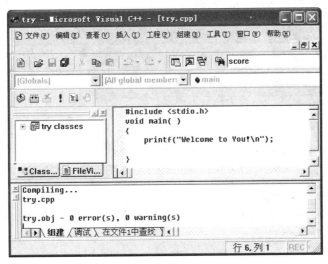

图 1.6　编译完全成功

在图 1.6 中，如果编译完全成功，会显示"try.obj - 0 error(s), 0 warning(s)"，表示没有发现错误和警告，并生成了目标文件 try.obj。如果显示错误信息，说明程序中存在错误，必须改正后重新编译；如果显示警告信息，说明这些警告并不影响目标文件的生成，但一般来说，也应该改正。

第五步，连接。

执行"组建"菜单下的"组建[try.exe]"命令，开始连接，并在信息窗口中显示连接信息，如图 1.7 所示。信息窗口中出现的"try.exe - 0 error(s), 0 warning(s)"表示连接成功，并生成了可执行文件 try.exe。

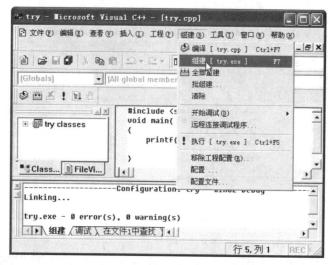

图 1.7　连接成功并产生可执行文件

第六步，运行程序。

执行"组建"菜单下的"执行[try.exe]"命令，如图 1.8 所示，自动弹出运行窗口，如图 1.9 所示，显示运行结果"Welcome to You!"。其中"Press any key to continue"提示用户按任意键退出运行窗口，返回到 VC++编辑窗口。

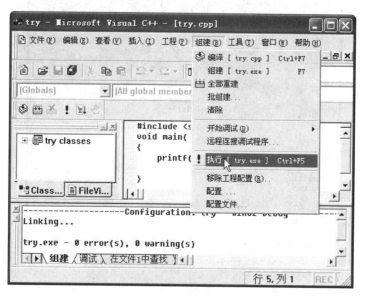

图 1.8　运行程序

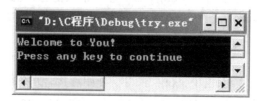

图 1.9　显示运行结果

如果该程序在上一次编译后又被修改，将会弹出如图 1.10 所示的消息框，问是否要把最新的代码重新编译。选择"是"，随后该程序就会被重新编译、连接，再运行。

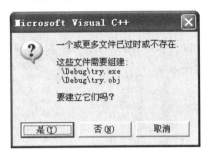

图 1.10　重新编译消息框

第七步，关闭程序工作区。执行"文件"菜单下的"关闭工作空间"命令，如图 1.11 所示，在弹出的对话框（见图 1.12）中单击"是"按钮，关闭工作空间。

图 1.11　关闭工作空间

图 1.12　关闭所有文档窗口

4. 查看 C 源文件、目标文件和可执行文件的存放位置

经过编辑、编译、连接和运行后，在文件夹"D:\ C 程序"中存放着源文件 try.cpp，如图 1.13 所示。在文件夹"D:\ C 程序\Debug"中存放着目标文件 try.obj 和可执行文件 try.exe，如图 1.14 所示。

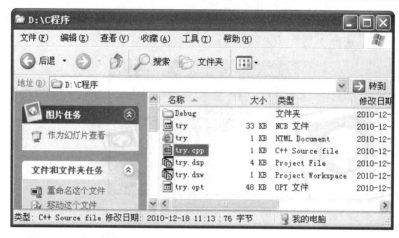

图 1.13　文件夹 "D:\ C 程序"

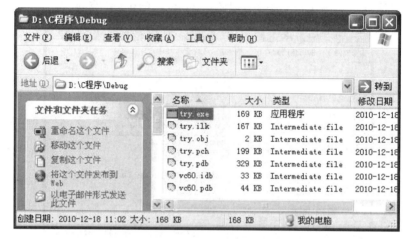

图 1.14　文件夹 "D:\ C 程序\Debug"

5. 编程题

在屏幕上显示两行信息。第 1 行显示 "It is a c program"，第 2 行显示自己的姓名和学号。

6. 编程题

在屏幕上显示如下星号图形：

```
    *
  *   *
    *
```

7. 调试示例

改正下面例子中源程序的错误，在屏幕上显示 "Hello World!"。

```c
#include <stdio.h>
void maie( )
{
    printf(Hello World!\n")
}
```

（1）在 VC++中编辑以上源程序,单击"组建"菜单下的"编译"命令,或者菜单栏的 (compile)按钮，出现的编译错误信息如图 1.15 所示。

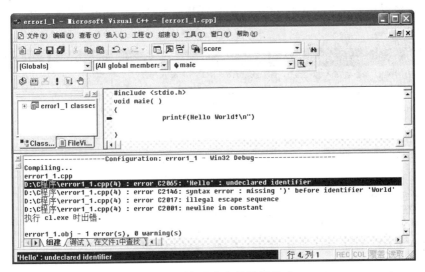

图 1.15 编译产生的错误信息

（2）找出错误。在信息窗口中双击第一条错误，编辑窗口就会出现一个指向程序出错的位置，如图 1.15 所示。一般在箭头的当前行或上一行，可以找到出错的语句。在图 1.15 中，箭头指向第 4 行，错误信息提示"Hello"是一个未定义的变量，但"Hello"并不是变量，出错的原因是"Hello"前少了一个双引号。

（3）改正错误。在"Hello"前加上双引号。

（4）重新编译。信息窗口显示本次编译的错误信息，如图 1.16 所示。双击该错误信息，箭头指向在源程序中的出错位置，错误信息指出在"}"前缺少分号。改正错误，在"}"前一条语句最后加上一个分号。

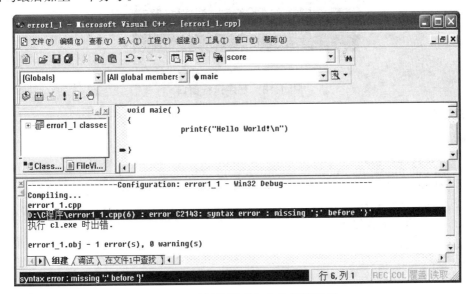

图 1.16 重新编译后产生的错误信息

（5）再次编译。信息窗口中显示编译正确。

（6）连接。执行"组建"菜单下的"组建[error1_1.exe]"命令，开始连接，并在信息窗口中显示连接错误信息，如图1.17所示。仔细观察后发现，主函数名"main"拼写错误，被误写为"maie"。

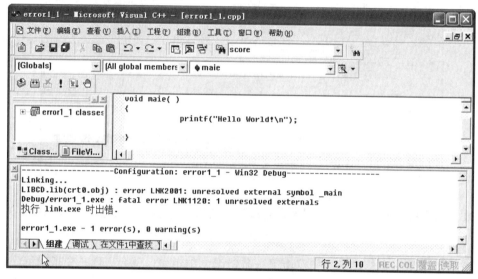

图1.17　连接产生的错误信息

（7）改正错误。把"maie"改写为"main"后，重新编译和连接，信息窗口中没有出现错误信息。

（8）运行。执行"组建"菜单下的"执行[error1_1.exe]"命令，自动弹出运行窗口，如图1.18所示，运行结果与题目要求一致，按任意键返回。

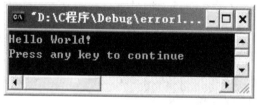

图1.18　程序运行窗口

8. 改错题

在屏幕上显示以下三行信息。

```
************
Hello world!
************
```

源程序（有错误的程序）：

```
#include    <stdio.h>
void mian( )
{
    printf("************\n");
```

```
        printf("Hello world!\n")
        printf("*************\n");
    }
```

【实验结果与分析】

将源程序、运行结果、分析情况以及实验中遇到的问题和解决问题的方法写在实验报告上。

实验 2　简单程序设计

【实验目的】

（1）掌握基本算术运算符的使用。
（2）掌握输入与输出函数的使用。
（3）掌握顺序结构程序设计。
（4）掌握常见错误的排除与纠正。
（5）掌握简单的单步调试方法。
（6）掌握库函数的调用。

【实验内容】

1. 调试示例 1

输入一个大于 1 的正整数，利用等差数列的求和公式计算并输出从 1 到该数间所有整数之和。等差数列的求和公式如下：

$$S_n = \frac{n \times (a_1 + a_n)}{2}$$

源程序（有错误的程序）：

```
#include<stdio.h>
void main ( )
{
    int i, sum;
    Scanf("%d", &i);
    Sum=i*(1+i)/2;
    Printf("%d\n",sum);
}
```

（1）在示例 1 中，使用菜单来完成编译、连接和运行操作，在本节实验里将介绍使用工具栏来完成上述操作的方法。在工具栏或菜单栏上单击鼠标右键，弹出如图 2.1 所示的完整的工具箱菜单，单击"编译微型条"选项，该工具条即出现在工具栏的下方，如图 2.2 所示。其中，第一个按钮 ❀（Compile）表示编译，第二个按钮 ▦（Build）表示组建（用于连接），第四个按钮 ！表示运行。

（2）将以上源代码输入 VC++中的编辑窗口，点击工具栏的编译按钮 ❀，编译完成后，在信息窗口的下方将出现如图 2.3 所示的错误。

图 2.1　显示完整的工具箱菜单

图 2.2　编译微型条

```
chatper2_shiyan1.cpp
D:\C程序\chatper2_shiyan1.cpp(5) : error C2065: 'Scanf' : undeclared identifier
D:\C程序\chatper2_shiyan1.cpp(6) : error C2065: 'Sum' : undeclared identifier
D:\C程序\chatper2_shiyan1.cpp(7) : error C2065: 'Printf' : undeclared identifier
执行 cl.exe 时出错。

chatper2_shiyan1.obj - 1 error(s), 0 warning(s)
```

图 2.3　错误提示

双击"D:\C 程序\chatper2_shiyan1.cpp(5) : error C2065: 'Scanf : undeclared identifier",光标就会自动跳转到源代码中出现该错误所在的行。此错误含义是:单引号中的'Scanf是undeclared identifier,即未声明(定义)的标识符。出现 undeclared identifier 的错误,一般是由于未定义变量、未定义函数等原因引起的。本示例中提示是标识符 Scanf 未声明,仔细检查发现,输出函数 scanf 的第一个字母是小写,而程序中写成了大写,因此,需将大写 S 改为小写的 s。同理,'Sum'和'Printf'中的大写字母也应改成小写。

C 语言严格区分大小写,不可混用。undeclared identifier 表示未声明(定义)标识符,需仔细检查出现该错误所在行的变量、函数等。

改正所有的错误后,再次点击编译按钮,提示:0 error(s), 0 warning(s),即无错误。编译无误后即可点击执行按钮 ❗,运行程序,运行结果如图 2.4 所示。

图 2.4　示例程序运行结果

2. 调试示例 2

输入一个三位正整数，然后反向输出此数，如：输入 123，则输出 321。

源程序（有错误的程序）：

```c
#include<stdio.h>
void main()
{
    int n,i,j,k;
    printf("请输入一个正整数：");
    scanf("%d",&n);
    i=n%10;              /*取出个位数*/
    j=n/10%10;           /*取出十位数*/
    k=n%100;             /*取出百位数*/
    n=i*100+j*10+k;
    printf("\n%d\n",n);
}
```

将以上源代码输入 VC++中的编辑窗口并编译、运行，运行结果如图 2.5 所示。

图 2.5　示例程序 2 运行结果

输入 234，输出 464，发现语法上没有错误，但运行结果是错误的。在这种情况下，需要通过对程序进行单步调试来发现并改正错误。

单步调试的具体步骤如下：

（1）在工具栏或菜单栏上单击鼠标右键，弹出如图 2.6 所示的完整的工具箱菜单，单击"调试"选项，该调试工具栏即可出现，如图 2.7 所示。

图 2.6　显示完整的工具箱菜单

（2）单击调试工具栏中的 Step Over 按钮 ，每次执行一行语句，则编辑窗口出现如图 2.7 所示的变化。

图 2.7 调试窗口

（3）每点击一次 Step Over 按钮 ，程序执行一行(黄色箭头依次往下移动)，当执行到 scanf 函数所在的行时，需用户输入数据，如图 2.8 所示。

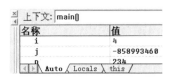

图 2.8 输入数据窗口

（4）继续点击 Step Over 按钮 ，让程序按顺序往下执行，在变量窗口中可发现，当程序执行完语句 "i=n%10;" 时，i 的值为 4，如图 2.9 所示。

上下文:	main()
名称	**值**
i	4
j	-858993460
	234

Auto ╲ Locals ╲ this ╱

图 2.9 变量窗口

依次往下执行，可逐个显示其他变量的值。

当程序变量太多，或者循环内部变量的值不断变化，或者跟踪函数的局部变量时，也可以在观察窗口中输入变量名，来实时观察变量的值。如本示例中，在观察窗口的名称栏的空格中依次输入 i、j、k，并点击 Step Over 按钮 ，观察此三个变量的值，如图 2.10 所示。

名称	**值**
i	4
j	3
k	34

Watch1 ╲ Watch2 ╲ Watch3 ╲ Watch4

图 2.10 观察窗口

　　对于输入的 234，依次取出个位数 i 应为 4，十位数 j 应为 3，百位数 k 应为 2，但是从观察窗口中发现，百位数 k 的值与正确结果不同，因此，可断定程序中关于 k 的值的计算是有问题的，返回程序中 k 的赋值计算处进行检查、改正。

　　　　k=n%100;

　　对于 234，除以 100 的余数是 34，而不是百位数 2，若要获得百位数 2，应该做运算

　　　　k=n/100;

　　（5）在调试工具栏中点击 Stop Debugging 📃 按钮，停止调试，在程序中改正 k 的计算公式并再次运行，可得到正确结果，如图 2.11 所示。

图 2.11　示例输出结果

3. 读程题

执行以下程序：

```c
#include <stdio.h>
void main()
{
    int a,b;
    scanf("%d%d",&a,&b);
    printf("%d+%d=%d\n",a,b,a+b);
}
```

(1) 若输入数据的形式为：

　　6,9<回车>

那么，输出结果是什么？请说明原因。

(2) 若输出的结果为：

　　18+16=34

那么，输入数据的形式应是什么？

4. 读程题

执行以下程序：

```c
#include <stdio.h>
void main()
{
    double x,y;
```

```
    scanf("x=%lf,y=%lf",&x,&y);
    printf("%f*%f=%.3f\n",x,y,x+y);
}
```

若要将 3.68 赋值给 x，6.59 赋值给 y，那么，正确输入数据的形式应是什么？输出结果是什么？

5. 编程题

若 x 的值为 3.2，y 的值为 5.6。请编写程序并输出以下数学表达式的值。

(1) $\dfrac{1}{3}\left(xy+\dfrac{y^2}{4x}\right)$

(2) $\sqrt{x^4-4xy}$

(3) $|x^2+\log_{10}xy|$

6. 编程题

输入存款金额 *money*、存款时间 *years*（年）、年利率 *rate*，根据以下公式计算存款到期时的利息 *interest*。

$$Interest = money(1+rate)^{years} - money$$

提示：计算幂可调用数学库函数中的 pow 函数。

7. 改错题

输入一个摄氏温度，要求输出华氏温度。计算公式如下：

$$f = \dfrac{5}{9}*c+32$$

源程序（有错误的程序）：
```
#include<stdio.h>
main()
{
    float   c,f;
    scanf("%f",&c);
    f=5.0/9*c+32;
    printf("%f\n",c);
}
```
请使用单步调试的方法检查错误并改正。

8. 改错题

求 $ax^2+bx+c=0$ 方程的根，其中 $a=1$，$b=5$，$c=-6$。
源程序（有错误的程序）：
```
#include <stdio.h>
#include <math.h>
```

```
void main ( )
{
    float a,b,c,disc,x1,x2,p;
    a=1;
    b=5;
    c=-6;
    disc=4*a*c-b*b;
    p=-b/(2*a);
    q=sqrt(disc)/(2*a);
    x1=p+q;
    x2=p-q;
    printf("\n\nx1=%d\nx2=%d\n",x1,x2);
}
```

请使用单步调试的方法检查错误并改正。

【实验结果与分析】

将源程序、运行结果、分析情况以及实验中遇到的问题和解决问题的方法写在实验报告上。

实验 3　分支结构程序设计

一、if 语句

【实验目的】

（1）学会正确使用逻辑表达式或关系表达式。

（2）掌握 if 语句的格式、功能及应用。

（3）掌握 if 语句的匹配原则及 if 语句的嵌套。

（4）掌握使用单步调试程序的方法。

【实验内容】

1. 调试示例

此程序功能为先输入某一年份，判断该年份是否闰年（可以被 4 整除但不可以被 100 整除或者可以被 400 整除的年份是闰年）。

源程序（有错误的程序）：

```
main( )
{
    int year,y4,y400;
    printf("请输入年份:");
    scanf("%d",year);
    y4=year%4
    y100=year%100;
    y400=year%400;
    if ((y4==0&&y100!=0)||y400==0)
        printf("%d 年是闰年\n",year)
    else
        printf("%d 年不是闰年\n",  year);
}
```

运行情况（改正后程序的运行情况）：

请输入年份：2010

2010 年不是闰年

调试步骤：

（1）在 VC++中的编辑窗口中编辑以上源程序，单击"组建"菜单下的"编译"命令，或者菜单栏的 compile（Ctrl+F7）按钮，出现的编译错误信息如图 3.1 所示。

```
error C2065: 'printf' : undeclared identifier
error C2065: 'scanf' : undeclared identifier
error C2146: syntax error : missing ';' before identifier 'y100'
error C2065: 'y100' : undeclared identifier
 error C2143: syntax error : missing ';' before 'else'
 error C2018: unknown character '0xa3'
 error C2018: unknown character '0xac'
 error C2146: syntax error : missing ')' before identifier 'year'
 error C2059: syntax error : ')'
 warning C4508: 'main' : function should return a value; 'void' return type assumed
```

图 3.1 编译产生的错误信息

（2）双击图 3.1 中的第一条错误信息：'printf' : undeclared identifier，编辑窗口就会出现一个箭头 ➡ 指向语句 printf（"请输入年份:\n"）。该信息说明 printf 未定义，也就是缺少了语句 #include <stdio.h>，加上该语句，再次单击 ▧ 按钮，得到新的编译错误信息，如图 3.2 所示。

```
error C2146: syntax error : missing ';' before identifier 'y100'
error C2065: 'y100' : undeclared identifier
 error C2143: syntax error : missing ';' before 'else'
 error C2018: unknown character '0xa3'
 error C2018: unknown character '0xac'
 error C2146: syntax error : missing ')' before identifier 'year'
 error C2059: syntax error : ')'
 warning C4508: 'main' : function should return a value; 'void' return type assumed
```

图 3.2 重新编译后产生的错误信息

（3）双击图 3.2 中的第一条错误信息，编辑窗口就会出现一个箭头指向语句 "y100=year%100"；该信息说明此语句前也就是语句 "y4=year%4" 后缺少 ";"，补上分号后再次单击 ▧ 按钮，得到新的编译错误信息，如图 3.3 所示。

```
error C2065: 'y100' : undeclared identifier
 error C2143: syntax error : missing ';' before 'else'
 error C2018: unknown character '0xa3'
 error C2018: unknown character '0xac'
 error C2146: syntax error : missing ')' before identifier 'year'
 error C2059: syntax error : ')'
 warning C4508: 'main' : function should return a value; 'void' return type assumed
```

图 3.3 再次编译产生的错误信息

按照上面的步骤把程序中的错误都找出来并依次更正。其他错误还有：① 变量 y100 未定义；② 语句 "printf("%d 年是闰年",year)" 后缺少分号 ";"；③ 语句 "printf("%d 年不是闰年"，year);" 中的中文逗号改为英文逗号；④ 语句 "scanf("%d",year);" 中 year 前缺少 "&"；⑤ main( )前加上 void。最后单击 ▧ 按钮重新编译，并单击 ▦ 按钮完成连接，显示正确。

（4）单击"工具"菜单下的"定制"命令，弹出"定制"对话框，单击"工具栏"选项卡，单击"调试"选项，调出调试工具栏，如图 3.4 和图 3.5 所示。

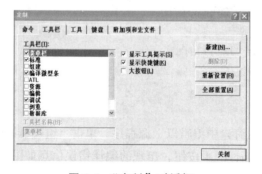

图 3.4 "定制"对话框

图 3.5 调试工具栏

（5）接着开始单步调试程序。单击 ![] 按钮，使箭头⇨指向某条语句，表示将要执行该语句，如图 3.6 所示。图中左下 auto 窗口（变量窗口）可看到变量的值，右下 watch 窗口（观察窗口）可输入要观察的变量以观察此变量的值。

图 3.6 单步调试开始

（6）单击 ![] 按钮，使箭头⇨指向 scanf("%d",&year);语句，运行窗口如图 3.7 所示。再次单击 ![] 按钮，在运行窗口中输入 "2010"，然后回车，如图 3.8 所示。此时箭头⇨指向 y4=year%4 语句，在变量窗口可看到变量 year 的值为 2010，如图 3.9 所示。

图 3.7 运行窗口

图 3.8 运行窗口输入数值

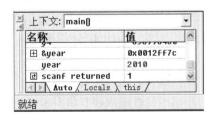

图 3.9 变量窗口

（7）继续依次单击  按钮，在变量窗口中可看到各个变量的值，直到程序运行完毕。运行结果如图 3.10 所示，符合运行结果要求，则单击 📝 Stop Debugging（Shift+F5）按钮，结束调试程序。

图 3.10   运行结果

2. 编程题

从键盘输入一个字符，判断其是否为英文字母（可使用表达式 x>='A'&&x<='Z'||x>='a'&&x<='z'进行判断）。

输入输出示例：

第一次运行：   第二次运行：   第三次运行：

请输入字符：a   请输入字符：Y   请输入字符：9

字符 a 是英文字母   字符 Y 是英文字母   字符 9 不是英文字母

3. 编程题

从键盘上输入两个整数 num1 和 num2，判断两数之和与两数乘积的大小关系。

输入输出示例：

第一次运行：   第二次运行：

请输入两个整数：7 4   请输入两个整数：1 2

7+4<7*4   1+2>1*2

4. 编程题

输入一个字符，根据该字符的 ASCII 码值来判断并输出该字符的类型是大写字母、小写字母、数字或其他字符。要求使用 else-if 语句。

输入输出示例：

第一次运行：   第二次运行：   第三次运行：

请输入一个字符：a   请输入一个字符：B   请输入一个字符：＝

字符 a 是小写字母   字符 B 是大写字母   字符=是其他字符

5. 编程题

某市有三种不同起步价的出租车，它们的起步价和计费分别为：起步价 4 元，3 km 以外 1.2 元/km；起步价 5 元，3 km 以外 1.5 元/km；起步价 6 元，3 km 以外 1.8 元/km。编程实现从键盘输入所乘车的起步价及行车公里数，输出应付的车资。

输入输出示例：

第一次运行：   第二次运行：

请输入起步价：5   请输入起步价：8

请输入行车公里数：10   请输入行车公里数：10

应付车资为 15.50   无此起步价

6. 编程题

有一函数：

$$y = \begin{cases} x-1 & (x<1) \\ 3x-6 & (1 \leqslant x \leqslant 10) \\ 3x+5 & (x>10) \end{cases}$$

编写一个程序，输入 x 的值，输出 y 的值。要求使用 else-if 语句。

输入输出示例：

第一次运行：　　　　　　　　　　第二次运行：

请输入 x：<u>5</u>　　　　　　　　　　请输入 x：<u>11</u>

函数 y 的值为 9　　　　　　　　　函数 y 的值为 38

7. 编程题

输入 3 个数字，输出其中最大的数字。要求使用 if 语句的嵌套。

输入输出示例：

第一次运行：　　　　　　　　　　　第二次运行：

请输入 3 个各不相同的数字：<u>2.1 2.35 3.6</u>　　请输入 3 个各不相同的数字：<u>5 7 3</u>

最大值为 3.60　　　　　　　　　　　最大值为 7.00

8. 编程题

有一函数：

$$y = \begin{cases} x-1 & (x<-1) \\ 3x+1 & (-1 \leqslant x \leqslant 1) \\ x+5 & (1<x \leqslant 10) \\ 5x-13 & (x>10) \end{cases}$$

编写一个程序，输入 x 的值，输出 y 的值。要求使用 if 语句的嵌套。

输入输出示例：

第一次运行：　　　　　　　　　　第二次运行：

请输入 x：<u>-2.1</u>　　　　　　　　　请输入 x：<u>9</u>

函数 y 的值为-3.10　　　　　　　　函数 y 的值为 14.00

二、switch 语句

【实验目的】

（1）掌握 switch 语句的格式、功能及应用。

（2）熟练掌握与运用 switch 语句解决多分支问题。

（3）掌握 break 语句在 switch 语句中的作用。

【实验内容】

1. 编程题

从键盘输入 1～7 的某个整数，在屏幕上输出一周中对应的星期名称。

输入输出示例：

第一次运行：   第二次运行：   第三次运行：

Please enter num:1   Please enter num:5   Please enter num:8

Monday!   Friday!   Data error!

2. 编程题

从键盘输入两个实数后，屏幕显示菜单如下：

1.输出两数之和。

2.输出两数之差。

3.输出两数乘积。

4.输出两数相除之商。

5.退出。

然后输入相应的编号，屏幕显示相应的结果。

输入输出示例：

第一次运行：   第二次运行：   第三次运行：

请输入两个实数：6.5 2.3   请输入两个实数：6.5 2.3   请输入两个实数：6.5 2.3

1.输出两数之和。   1.输出两数之和。   1.输出两数之和。

2.输出两数之差。   2.输出两数之差。   2.输出两数之差。

3.输出两数乘积。   3.输出两数乘积。   3.输出两数乘积。

4.输出两数相除之商。   4.输出两数相除之商。   4.输出两数相除之商。

5.退出。   5.退出。   5.退出。

请输入你的选择:2   请输入你的选择:4   请输入你的选择:5

两数之差为 4.20   两数相除之商为 2.83   退出。

第三次运行：   第四次运行：

请输入两个实数： 6.5 2.3   请输入两个实数： 6.5 2.3

1.输出两数之和。   1.输出两数之和。

2.输出两数之差。   2.输出两数之差。

3.输出两数乘积。   3.输出两数乘积。

4.输出两数相除之商。   4.输出两数相除之商。

5.退出。   5.退出。

请输入你的选择:5   请输入你的选择:7

退出   抱歉，查无此选项

3. 编程题

从键盘输入一个数字成绩，如果成绩为 0~89，输出"不及格"；如果成绩为 90~119，
输出"及格"；如果成绩为 120~150，输出"良好"；其余的输出"成绩输入有误"。

输入输出示例：

第一次运行：   第二次运行：

请输入数字成绩:110   请输入数字成绩:180

及格   成绩输入有误

4. 编程题

某公司员工的基本工资为 500 元，提成与销售额的关系如下：

销售额 ≤ 1 000 元	没有提成
1000 元 < 销售额 ≤ 2 000 元	提成 2%
2000 元 < 销售额 ≤ 5 000 元	提成 5%
5000 元 < 销售额	提成 10%

要求编程输入销售额，得出总工资（总工资=基本工资+提成）。

输入输出示例：

第一次运行：　　　　　　　　　　第二次运行：

请输入销售额: 1 000　　　　　　请输入销售额: 5 001

员工总工资为 500.00　　　　　　员工总工资为 670.10

5. 改错题

预期实现功能为一个简单计算器程序，输入格式为：data1 op data2。其中，data1 和 data2 是参与运算的两个数，op 为运算符，它的取值只能是+、－、*、/。

输入输出示例

第一次运行：　　　　　　　　　　第二次运行：

请输入表达式（数据 1 运算符数据 2）：　　请输入表达式（数据 1 运算符数据 2）：

3.6/2.5　　　　　　　　　　　　3.6*2.5

3.60/2.50=1.44　　　　　　　　不能识别的运算符

第三次运行：

请输入表达式（数据 1 运算符数据 2）：

3.6+2.5

3.60+2.50=6.10

源程序（有错误的程序）：

```c
#include <stdio.h>
main ( )
{
    float data1, data2
    char op;
    printf(" 请输入表达式（数据 1 运算符数据 2）:\n");
    scanf("%d%c%d", data1,op, data2);
    switch(op)
    {
      case '+' :
          printf("%.2f+%.2f=%.2f\n", data1, data2, data1+data2);
      case '-' :
          printf("%.2f-%.2f=%.2f\n", data1, data2, data1-data2); break;
      case '*' :
          printf("%.2f*%.2f=%.2f\n", data1, data2, data1*data2);break;
      case '/' :
```

```
        if( data2==0 )
            printf("除数不能为 0。\n")
        else
            printf("%.2f/%.2f=%.2f\n", data1, data2, data1/data2);
        break;
    default:
        printf("不能识别的运算符。\n");
    }
```

【实验结果与分析】

将实验名称、目的、源程序、运行结果、实验中遇到的问题和解决方法写在实验报告上。

实验 4　循环结构程序设计

一、基本循环程序设计

【实验目的】

（1）熟练掌握 C 语言中实现循环结构的三种语句 for、while 和 do-while 的使用。

（2）根据题目能迅速分析出循环条件和循环体。

（3）通过实验比较 for、while 和 do-while 的相同点与不同点。

（4）注意 break 和 continue 语句的用法。

（5）学会用"Debug"菜单调试程序，重点掌握用断点调试程序。

【实验内容】

1. 调试示例

从键盘输入不多于 10 个实数，并且如果值为 0 则结束输入，求其中的正数之和以及这些数的总和。

源程序（有错误的程序）：

```c
#include <stdio.h>
void main( )
{
    float sum,psum,x;        /*sum 为所有数之和，psum 为正数之和*/
    int i;
    for(i=0;i<=9;i++)
    {
        scanf("%f",&x);
        if(x == 0)           /*如果当前输入的数为 0，则退出循环*/
            break;
        sum=sum+x;
        if(x<0)              /*调试时设置断点*/
            continue;
        psum=psum+x;
    }                        /*调试时设置断点*/
    printf("sum=%f\n",sum);
    printf("psum=%f\n",psum);
}
```

运行情况（改正后程序的运行情况）：

85　32　-47　6　-2　23　0

sum=97.000000

psum=146.000000

首先介绍断点。断点的作用就是使程序执行到断点处暂停，让用户可以观察当前变量或表达式的值。设置断点时，先将光标定位到要设置断点的位置，然后单击编译微型工具条的 （insert/remove Breakpoint）按钮，断点设置完毕。如果要取消已经设置的断点，只需将光标移到要取消的断点处，单击 按钮，该断点即可取消。

现在用"组建"菜单中的调试命令来调试程序，调试命令和调试工具条的功能是一样的。步骤如下：

（1）输入"85　32　-47　6　-2　23　0"，运行结果如图 4.1 所示，该结果错误。

图 4.1　运行结果

（2）调试程序开始，设置两个断点，具体位置见源程序的注释。

（3）执行"组建"/"开始调试"/"GO"，如图 4.2 所示。

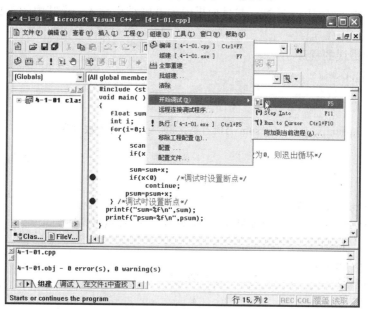

图 4.2　"组建"菜单中的调试命令

此时，菜单栏中新出现一个"调试"菜单，如图 4.3 所示，它包括了调试工具条中所有的功能，用户可以选择使用它们来调试程序。

（4）单击"GO"按钮，程序运行到第一个断点处，变量窗口显示的 sum 的值显然错误；继续单击"GO"按钮，程序运行到第二个断点处，变量窗口显示的 psum 的值显然错误，说明 sum 和 psum 有错误。

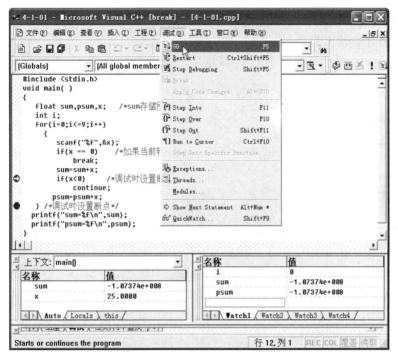

图 4.3　"调试"菜单

（5）单击"Stop Debugging"按钮停止调试，仔细分析程序，发现 psum 和 sum 没有赋初值，为它们赋初值"0"。

（6）改正错误后，重新编译、连接，并取消第一个断点，然后单击"Restart"按钮重新开始调试。单击"GO"按钮，程序运行到断点处，变量窗口显示 sum 的值是 97.000000，psum 的值是 146.000000。

（7）单击"Step Over"按钮两次，运行窗口显示结果，符合题目要求。

（8）单击"Stop Debugging"按钮，程序调试结束。

2. 读程题

运行下列程序，输入"ABCefg"时，输出为"abcEFG"，请填空。

```c
#include <stdio.h>
void main( )
{
    char ch;
    while(_____)
    {   if(ch>='A'&&ch<='Z')
            ch=ch+32;
        else if(_____)
            ch= ch-32;
        printf("%c", ch);
    }
    printf("\n");
}
```

3. 读程题

运行下列程序，输出为"sum=21,i=15"，请填空。

```c
#include <stdio.h>
void main( )
{
    int sum=1,i=5;
    while(_____)
    {
      sum=sum+2;
       i=i+1;
    }
    printf("sum=%d,i=%d\n",sum,i);
}
```

4. 读程题

下列程序的输出结果是_____。

```c
#include <stdio.h>
void main( )
{
  int a,b;
  for(a=2,b=2;a<=200;a++)
  {
     if(b>=20)
        break;
     if(b%5==1)
     {
        b=b+5;
        continue;
     }
  }
  printf("%d"，a);
}
```

5. 读程题

下列程序的输出结果是_____。

```c
#include <stdio.h>
void main( )
{
  int x=1,y=1;
  while(y<=5)
  {
     if(x>=10)    break;
     if(x%3==1)
```

```
    {
        x=x+10;
        continue;
    }
    x=x-7;
    y++;
    }
    printf("%d,%d",x,y);
}
```

6．编程题

计算 1+3+5+…+(2i-1)前 100 项的和。其中，i=1,2,…,100。请使用 while 语句实现循环结构。

运行情况：

sum=10000

7．编程题

输入两个正整数，求其最大公约数和最小公倍数。请使用 do-while 语句实现循环结构。

输入输出示例：

请输入两个正整数：6   3

gcd=3, lcm=6

【实验结果与分析】

将实验名称、目的、源程序、运行结果、实验中遇到的问题和解决方法，写在实验报告上。

二、嵌套循环程序设计

【实验目的】

（1）熟练地运用循环嵌套的合法形式来编写程序。

（2）掌握 C 程序的调试方法。

【实验内容】

1．改错题

求 1!+2!+…+99!+100!的和。

源程序（有错误的程序）：

```
#include <stdio.h>
void main()
{
    int i,j;
    double item=1,sum=0;
```

```
        for(i=1;i<101;i++)
        {
            for(j=1;j<=i;j++)
                item=item*j;
            sum=sum+item;
        }
        printf("sum=%e",sum);
    }
```

2. 读程题

下列程序是统计 100 至 1 000 之间有多少个数其各位数字之和为 5，请填空。

```
#include <stdio.h>
void main( )
{
    int i,s,k,count=0;
    for(i=100;i<=l000;i++)
    {
        s=0; k=i;
        while(_____)
        {   s=s+k%10;k=_____;   }
        if(s!=5) _____
        coum++;
    }
    printf("%d",count);
}
```

3. 读程题

下列程序是打印出以下图案的，请填空。

```
        *
       ***
      *****
     *******
      *****
       ***
        *
```

```
#include <stdio.h>
void main( )
{
    int i,j,k;
    for(i=0;i<=3;i++)                    /*输出上面 4 行*号*/
    {
        for(j=0;j<=2-i;j++)
        printf(" ");                     /*输出*号前面的空格*/
        for(k=0; _____;k++)
```

```
        printf("*");                    /*输出*号*/
        printf("\n");                   /*输出完一行*号后换行*/
    }
    for(i=0;i<=2;i++)                    /*输出下面 3 行*号*/
    {
        for(j=0;j<=i;j++)
        printf(" ");
        for(k=0; _____ ;k++)
        printf("*");                     /*输出*号*/
        printf("\n");                    /*输出完一行*号后换行*/
    }
}
```

4. 读程题

下列程序的输出结果是_____。

```
#include <stdio.h>
void main( )
{
    int x,y,z=0;
    for(y=11;y<31;y++)
    {
        if(z%10==0)
        printf("\n");
        for(x=2;x<y;x++)
        if(!(y%x))
            break;
        if(x>=y-1)
        {
            printf("%d\t",y);
            z++;
        }
    }
}
```

5. 读程题

下列程序的输出结果是_____。

```
#include <stdio.h>
void main()
{
    int i=1,j=2,k;
    do
    {
        k=i*j;
        do
```

```
        {
            k=i+j;
            j++;
        }while(j<20);
        i++;
    }while(i<10);
    printf("i=%d,j=%d",i,j);
}
```

6. 编程题

水果店里，已知梨子一斤 3 元钱，橙子一斤 2 元钱，香蕉两斤 1 元钱。用 45 元正好买 45 斤水果，问梨子、橙子和香蕉各是几斤？请使用 for 语句实现循环结构。

运行情况：

    pear=0, orange=15,banana=30

    pear=3, orange=10,banana=32

    pear=6, orange=5,banana=34

    pear=9, orange=0,banana=36

7. 编程题

两个乒乓球队进行比赛，每队各有 3 人，甲队为 A、B、C，乙队为 X、Y、Z，由抽签决定比赛名单。有人向队员打听比赛的名单，A 说他不和 X 比，C 说他不和 X、Z 比，编程求出 3 对选手的名单。

8. 编程题

输入多个短整型的正整数，直到输入 0 为止，输出各个整数之和。

9. 编程题（选做）

验证下列结论：任何一个自然数 n 的立方都等于 n 个连续奇数之和。例如： $1^3 = 1; 2^3 = 3+5; 3^3 = 7+9+11$。要求对每个输入的自然数计算并输出相应的连续奇数，直到输入的自然数为 0 为止。

【实验结果与分析】

将实验名称、目的、源程序、运行结果、实验中遇到的问题以及解决方法写在实验报告上。

实验 5　函数程序设计

【实验目的】

（1）熟练掌握函数的基本概念。

（2）熟练掌握编写函数来完成特定工作。

（3）熟练掌握函数的调用。

（4）掌握设置断点调试进入函数和跳出函数的方法。

【实验内容】

1. 调试示例

改正下列程序中的错误，从键盘输入一个正整数 n，输出 Fibonacci 序列的第 n 项。Fibonacci 序列为：1，1，2，3，5，8，13，21，…。它具有如下特点：第 1，2 项为 1，1。从第 3 项开始，每一项等于前两项之和。要求定义并调用函数 fib(n) 输出 Fibonacci 序列的第 n 项。例如，fib(8) 的返回值是 21。

源程序（有错误的程序）：

```
#include <stdio.h>
void main()
{
    int f,n;

    printf("Enter n:");
    scanf("%d",&n);
    f=fib(n);                          /*调试时设置断点*/
    printf("Fibonacci 序列的第%d 项是%d.\n",n,f);
}                                      /*调试时设置断点*/

int fib(int a)
{
    int i,x1,x2,x;

    if(a==1||a==2)
    x=1;
    else
    {
        for(i=3;i<=a;i++)
        {
```

```
        x=x1+x2;
        x1=x2;
        x2=x;
    }
}
    return x;              /*调试时设置断点*/
}
```

运行情况（改正后程序的运行情况）：

Enter n:<u>8</u>
Fibonacci 序列的第 8 项是 21。

（1）在 VC++中的编辑窗口编辑以上源程序，然后对程序进行编译，结果显示：

"1 error(s), 0 warning(s)"
说明该源程序有一条错误信息，查看到该错误信息是：

'fib'：undeclared identifier

此时双击该错误信息，编辑窗口就会出现一个箭头指向"f=fib(n);"这一行，错误信息指出函数"fib"没有定义。这是因为函数在被调用前必须先定义，对于已定义的函数，如果调用在前定义在后，必须在主调函数中进行声明。

只需在调用函数 fib 之前加上函数声明"int fib(int a);"后可改正错误，然后重新编译和连接后显示源程序没有错误。但单击 **!** （Build Execute）按钮运行程序，结果不正确，需要调试程序。

（2）在调试开始之前设置 3 个断点，具体位置见源程序的注释。

（3）单击编译工具条的 (Go)按钮，输入 n 的值 8 后，程序运行到第一个断点处暂停，如图 5.1 所示。

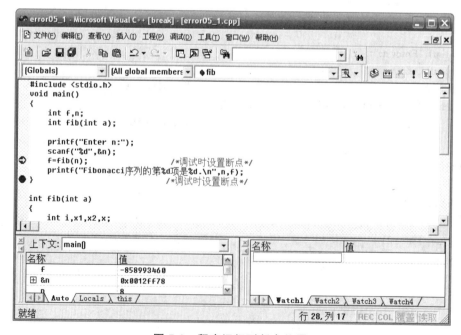

图 5.1 程序运行到断点位置

（4）单击 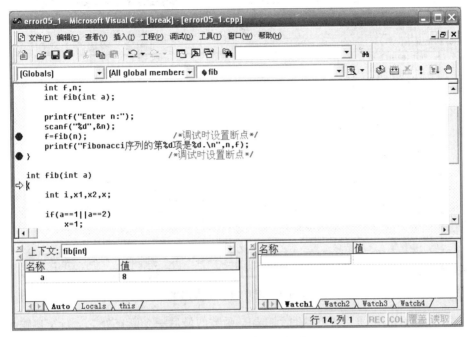(Step Into)按钮，箭头指到函数 fib 内，说明程序已经进入函数 fib 调试，如图 5.2 所示。

图 5.2　进入函数 fib 调试

（5）单击 (Go)按钮，程序运行到函数 fib 的断点处暂停，如图 5.3 所示。在下方的变量窗口观察到 x 的值是-858993476 是不正确的，原因在于变量 x1 和 x2 未赋初值。只需在语句 "for(i=3;i<=a;i++)" 之前加上两个语句 "x1=1;x2=1;" 可改正错误，然后重新编译和连接，当再次运行到该断点处时，变量窗口中 x 的值是 21 是正确的。

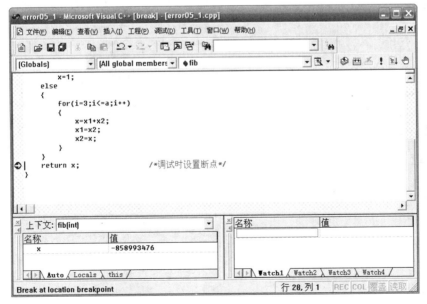

图 5.3　程序运行到函数 fib 的断点位置

（6）单击 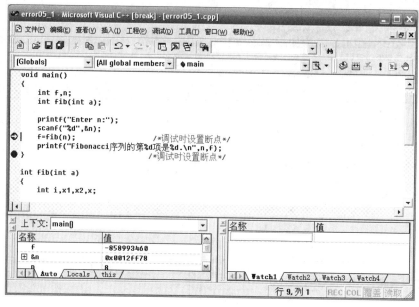(Step Out)按钮，程序从被调用函数返回到主调函数继续执行，如图 5.4 所示。

图 5.4　程序返回主调函数

（7）单击 ▤↓(Go)按钮，程序执行到 main 函数的最后一个断点处，运行窗口输出"第 8 项的 Fibonacci 数是 21"，与题目示例的结果一致。

（8）单击 ▤ (Stop Debugging)按钮，结束程序调试。

2. 编程题

从键盘输入一个正整数 m，输出 m 行"*"组成的图形，其中每行"*"的个数是 2m-1。要求定义并调用函数 pyramid（m）输出 m 行"*"组成的图形。例如，调用 pyramid(5)，则输出如下图形：

```
    *
   ***
  *****
 *******
*********
```

输入输出示例：

Enter m:5
```
    *
   ***
  *****
 *******
*********
```

3. 编程题

从键盘输入两个正整数 a 和 n，求 a+aa+aaa+⋯+aa⋯a（n 个 a）之和。要求定义并调用函数 fn(a,n)输出 aa…a（n 个 a）的值。例如，fn(4,3)的返回值是 444。

输入输出示例：

Enter a:<u>4</u>

Enter n:<u>3</u>

sum=492

4．编程题

从键盘输入所需托运行李的重量（单位：千克），输出托运行李所需的费用。火车托运行李的价格如下：如果行李重量没有超过 20 千克，按 3 元/千克收费；如果行李重量超过 20 千克，则没超出 20 千克的就按 3 元/千克收费，而超出 20 千克的部分按 5 元/千克收费。要求定义并调用函数 charge(m)输出托运 n 千克行李所需的费用。例如，charge(15)的返回值是 45。

输入输出示例（共运行 3 次）：

第一次运行：

请输入所需托运的行李重量（单位：千克）：<u>15</u>

托运 15 千克行李所需的费用为 45 元

第二次运行：

请输入所需托运的行李重量（单位：千克）：<u>40</u>

托运 40 千克行李所需的费用为 160 元

第三次运行：

请输入所需托运的行李重量（单位：千克）：<u>-5</u>

行李重量不能小于 0 千克，请重新输入所需托运的行李重量（单位：千克）：<u>0</u>

托运 0 千克行李所需的费用为 0 元

5．编程题

从键盘输入两个正整数 m 和 n，计算从 n 个不同元素中取出 m 个元素（m≤n）的组合数。计算组合数的公式是 $C_n^m = \dfrac{n!}{m!(n-m)!}$。要求定义并调用函数 fact(n)计算 n 的阶乘。例如，fact(4)的返回值是 24。

输入输出示例：

Enter m,n(m≤n):<u>4 6</u>

从 6 个不同元素中取出 4 个元素的组合数是 15。

6．读程题

以下程序的功能是：从键盘输入一个 5 位数的数字，将这个数字中的 5 个数字字符逆序输出，并在每个数字之间空一个空格。例如，从键盘输入 12345，输出结果为"5 4 3 2 1"。请将程序补充完整，并上机运行。

```
#include<stdio.h>
void main()
{
    int n;
    void reverse(int x);
```

```
        printf("Enter n:");
        scanf("%d",&n);
        _____;
    }

    void reverse(int x)
    {
        while(x!=0){
            printf("%2d",x%10);
            _____;
        }
    }
```

运行情况：

Enter n:12345

5 4 3 2 1

7. 读程题

请写出以下程序的运行结果，并说明该程序所要实现的功能。

```
#include<stdio.h>
#include<math.h>
void main()
{
    int m;
    int is(int a);

    for(m=100;m<=400;m++)
        if(is(m)==1)
            printf("%d\n",m);
}

int is(int a)
{
    int i,j,k;

    i=a/100;
    j=(a/10)%10;
    k=a%10;
    if(a==pow(i,3)+pow(j,3)+pow(k,3))
        return 1;
    else
        return 0;
}
```

8. 读程题

请写出以下程序的运行结果，并分析原因。

```c
#include <stdio.h>
int d=2;

int fun(int p)
{
    static int d=6;

    d+=p;
    printf("%d ", d);
    return d;
}

void main()
{
    int a=3;

    printf("%d \n", fun(a+fun(d)));
}
```

9. 改错题

从键盘输入一个正整数 n，计算 Fibonacci 序列前 n 项之和。要求定义并调用函数 fib(n) 输出 Fibonacci 序列的第 n 项。

输入输出示例：

Enter n:10
Fibonacci 序列前 10 项之和等于 143。

源程序（有错误的程序）：

```c
#include <stdio.h>
int fib(int a);

void main()
{
    int k,n,sum;
    printf("Enter n:");
    scanf("%d",&n);
    for(k=1;k<=n;k++)
        sum=sum+fib(k);
    printf("Fibonacci 序列前%d 项之和等于%d.\n",n,sum);
}

int fib(int a);
{
    int i,x1,x2,x;
```

```
        if(a==1||a==2)
        x=1;
        else
        {
            for(i=3;i<=a;i++)
            {
                x=x1+x2;
                x1=x2;
                x2=x;
            }
        }
        return x;
    }
```

　　要求模仿"1.调试示例"调试本程序，调试过程包括设置断点、运行到断点处、单步进入函数和从函数返回到主调函数。

【实验结果与分析】

　　将源程序、运行结果和分析以及实验中遇到的问题和解决问题的方法写在实验报告上。

实验 6 综合程序设计实例

【实验目标】

（1）掌握分支结构、循环结构的运用。

（2）熟练使用模块化程序设计，掌握函数的定义、调用。

（3）熟练运用调试工具，快速排除各类错误。

（4）掌握实际问题转化为程序设计的思维与方法。

【实验内容】

1. 读程题 1

凯撒密码：古罗马的凯撒大帝(Caesar)使用过一种密码，其原理是将明文字母表后移 3 位得到密文字母表。例如，将字母 a 变成 d，A 变成 D，b 变成 e，即每个字母向后"移位" 3 个位置，字母 x 变成 a，y 变成 b，z 变成 c 等。这是一种很著名的古典密码，称为 Caesar 密码。

编写程序，输入一行明文字符，输出对应的密文字符。

源程序：

```
#include<stdio.h>
void main( )
{
    char ch;
    while((ch=getchar( ))!='\n')
    {
        if( (ch>='a' && ch<='z')|| (ch>='A' && ch<='Z'))
        {
            ch+=3;
            if(ch>'z' || (ch>'Z' && ch<='Z'+4))
            ch-=26;
        }
        printf("%c",ch);
    }
}
```

实验分析：

此程序要求具备的编程能力和解决的问题如下：

（1）如何从键盘获得一行字符并逐个运算；

（2）判断字符是否是字母的方法以及逻辑运算符的使用；

（3）字符移位的运算；

（4）当移位后超出字母的范围时，如何回到字母的开头，重新从 A 或 a 开始运算；

以上四个问题依次体现在程序的每一行中，请读者仔细对比、体会。

2. 读程题 2

将 100 至 l000 之间各位数字之和是 9 的数全部输出，每行输出 8 个数，最后统计有多少个这样的数。请填空。

```
#include<stdio.h>
void main( )
{
    int i，count=0;
    int digitalsum(int n) ;
    for(i=100;i<1000;++i)
    {
        if(_____)
        {
            printf("%6d",i);
            ++count;
            if(_____)
                printf("\n");
        }
    }
    printf("%d\n",count);
}
int digitalsum(int n)          /*计算三位数 n 的各位数字之和*/
{
    int i,j,k;
    i=n/100;
    j=_____;
    k=n%10;
    return_____;
}
```

3. 读程题 3

用迭代法求 $x = \sqrt{a}$ 。求平方根的迭代公式为：

$$x_{n+1} = \frac{1}{2}(x_n + \frac{a}{x_n})$$

要求最后一次求出的 x 的差值的绝对值小于 10^{-5}，即 $|x_{n+1} - x_n| < 10^{-5}$。

以下为求平方根的源程序，请填空。

```
#include<stdio.h>
#include_____
void main( )
{
```

```
    float a,f;
    float sqroot(float n);
    printf("Enter a positive number:");
    scanf("%f",&a);
    f=_____;
    printf("The square root of %5.2f is %8.5f\n",a,f);
}
float sqroot (float n)
{
    float x0,x1;
    x0=n/2;
    x1=(x0+n/x0)/2;
    do
    {
        x0=x1;
        _____
    }while(_____);
    _____;
}
```

说明：

由于数学库函数中有计算绝对值的函数，因此可以直接调用。程序的开头通过 include 预编译命令将数学头文件包含进来，无须自己编写源代码计算绝对值。以后若碰到诸如数学问题、字符串问题、输入输出问题等，可以先查寻对应的头文件，如果有可直接利用的库函数，则直接调用，这样可提高编写程序的效率和程序的可读性以及执行效率。

作为填空题目，实际上是在看懂别人写的程序。而作为看懂程序的关键，不是将源代码逐行逐行地去看懂，而是看懂程序编写人员的思路，根据思路再去理解每一个模块的功能，最后再逐句斟酌，完善残缺的部分。

4. 改错题 1

以下程序的实现与读程题 1 有着相同的功能，但使用的是 for 循环，并且程序中有少量错误，请用设置断点的方法找出错误并改正。

```c
#include<stdio.h>
void main( )
{
    char ch;
    for(;ch=getchar()!='\n';)
    {
        if(ch>='a' || ch<='z')
        {
            ch=ch+3;
            if(ch>='z')
                ch=ch-26;
```

```
    }
    if(ch>='A' || ch<='Z')
    {
        ch=ch+3;
        if(ch>='Z')
        ch=ch-26;
    }
    printf("%c",ch);
}
```

5. 改错题 2

以下程序的实现与读程题 1 有着相同的功能，但使用的是 do-while 循环，并且程序中有少量错误，请用设置断点的方法，找出错误并改正。

```
#include<stdio.h>
void main( )
{
    char ch;
    do
    {
        if(ch>='a' && ch<='z'|| ch>='A' && ch<='Z')
        {
            ch=ch+3;
            if(ch>'z' || ch>'Z')
            ch=ch-26;
        }
        printf("%c",ch);
    }while((ch=getchar())!='\n')
}
```

6. 改错题 3

以下程序的功能与读程题 3 相同，但是有少量错误，请改正。

```
#include<stdio.h>
void main( )
{
    float n,f;
    float x1,x2,temp;
    printf("Enter a positive number:");
    scanf("%d",&n);
    while(1)
    {
        temp=x1-x2;
        if(temp<0)
            temp=-temp;
        if(temp<1e-5)
```

```
        break;
    x1=x2;
    x2=(x1+n/x1)/2;
  }
  printf("The square root of %5.2f is %8.5f\n",n,x2);
}
```

7. 改错题 4

以下程序的功能与读程题 3 相同，但是有少量错误，请改正。

```
#include<stdio.h>
void main( )
{
  float n,f;
  float sqroot(float n);
  printf("Enter a positive number:");
  scanf("%f",&n);
  sqroot(n);
  printf("The square root of %5.2f is %8.5f\n",n,x2);
}
float sqroot(float n)
{
  float x1,x2,temp;
  for(;temp>1e-5;)
  {
      temp=x1-x2;
      if(temp<0)
        temp=-temp;
      if(temp<1e-5)
        break;
      x1=x2;
      x2=(x1+n/x1)/2;
  }
  return x2;
}
```

说明：

改错题与填空题一样，首先是看懂程序的结构，然后再逐句研究。但改错题与填空题也有不一样的地方，如改错题的程序涉及语法错误、逻辑错误等，需要更注重考虑变量、语句以及思维的一致性，首尾兼顾。例如，变量定义为 double 型，而在输入或输出的时候使用格式控制符%d，虽然在语法上没有错误，但结果却有问题。再如，循环结构中出现死循环，主函数与自定义函数在局部变量的混淆使用等。同时，要熟练掌握设置断点、运行到指标所在位置、观察运行过程中的变量的值等多种方式相结合的方法。

8. 编程题

输入一行字符，输出其中英文字母、空格、数字和其他字符的个数。

要求：编写三个函数，分别判断是字母、空格、数字。

输入输出示例：

I love c programming !

letters:17   blanks:3   digits:0   others:1

9. 编程题

从屏幕上输出所有的"水仙花数"。所谓"水仙花数"是指一个 3 位数，其各位数字立方和等于该数本身。例如，153 是一"水仙花数"，因为 $153=1^3+5^3+3^3$。

要求：定义一个函数来判断一个数是否是"水仙花数"，如果是则返回 1，不是则返回 0。

10. 编程题

一个数如果恰好等于它的因子之和，这个数就称为"完数"。例如，6 的因子有 1，2，3，而 6=1+2+3，因此，6 是"完数"。编程输出 10 000 以内所有的完数，并按如下格式输出：

6=1+2+3

要求：定义一个函数判断整数是否是完数。

11. 编程题

输入 2 个正整数 a 和 n，求 a+aa+…+aa…a(n 个 a)之和。要求：

（1）定义函数 f1(a,n)，其功能是返回 aa…a(n 个 a)，如 f1(2,3)的返回值是 222；

（2）定义函数 f2(a,n)，其功能是返回从 a 加到 n 个 a 之和，即 a+aa+…+aa…a(n 个 a)。

12. 编程题

输入两个整数，分别求出这两个数的最大公约数和最小公倍数。要求：

（1）定义函数 gcd(m,n)，其功能是返回最大公约数；

（2）定义函数 lcm(m,n)，其功能是返回最小公倍数。

【实验结果与分析】

将源程序、运行结果、分析情况以及实验中遇到的问题和解决问题的方法写在实验报告上。

实验 7 数组程序设计

一、一维数组

【实验目的】

（1）熟练掌握一维数组的定义、引用和初始化方法。

（2）熟练掌握一维数组的输入、输出方法。

（3）熟练掌握与一维数组有关的算法，如排序算法。

【实验内容】

1. 调试示例

某青年歌手参加歌曲大奖赛，有 10 个评委对她进行打分，求这位选手的平均得分（去掉一个最高分和一个最低分）。

源程序（有错误的程序）：

```
#include <stdio.h>
void main( )
{ int i,n=10;
    float a[n],max,min,sum=0,average;
    printf("请输入 10 个成绩：\n");
    for(i=0;i<10;i++)
    {    scanf("%f",&a[i]);
         sum=sum+a[i];
    }
    for(i=1;i<10;i++)        /*调试时设置断点*/
    {    if(a[i]>max)
         max=a[i];
         if(a[i]<min)
         min=a[i];
    }                       /*调试时设置断点*/
    printf("average=%.2f\n",(sum-max-min)/8);
}
```

运行情况（改正后程序的运行情况）：

请输入 10 个成绩：

75 85 95 65 76 88 90 94 80 66

average=81.75

提示：先找到 10 个评委所打成绩中的最大值和最小值，则平均分就是余下 8 个成绩的平均值。

（1）在 VC++的编辑窗口中编辑以上源程序，对源程序进行编译，出现如图 7.1 所示的错误。这些错误信息表示，在定义数组 a 时，数组长度必须是常量，而在程序中定义数组用了变量 n。

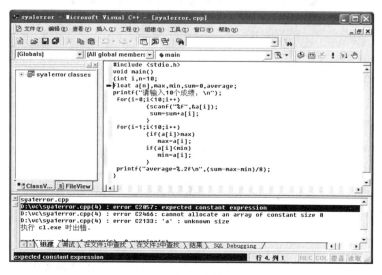

图 7.1　编译出错信息

（2）删除变量 n 的定义，把"a[n]"改为"a[10]"，重新编译和连接，没有错误信息出现。运行程序，依次输入"1 2 3 4 5 6 7 8 9 10"，运行窗口显示结果 average=13421777.63，显然程序有误。关闭运行窗口，准备进行程序调试。

（3）程序调试开始，设置 2 个断点，具体位置见源程序的注释。

（4）单击 （Go）按钮，运行程序，依次输入"1 2 3 4 5 6 7 8 9 10"，程序运行到第一个断点处，在观察窗口中观察输入的变量 max、min 和数组 a 的值，如图 7.2 所示，发现变量 max 和 min 均为负数。

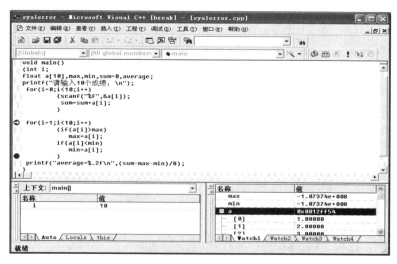

图 7.2　观察变量 max、min 和数组 a

（5）多次单击 ![Go] （Go）按钮，程序运行第二个断点处，且当 i=9 时，观察变量 max、min 和数组 a，发现 min 的值还为负数，如图 7.3 所示，这显然不对。

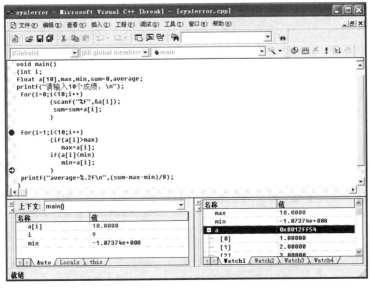

图 7.3 观察变量 min 的值

（6）找出问题后，单击 ![Stop] （Stop Debugging）按钮停止调试，在程序中第一断点处之前加入对 max、min 变量初始化语句 "max=min=a[0];"，重新编译和连接，没有错误和警告信息。

（7）取消第一个断点，单击 ![Restart] （Restart）按钮，重新开始调试。单击 ![Go] （Go）按钮，程序运行到第二个断点，且当 i=9 时，观察窗口，如图 7.4 所示，显示 max=10.0000，min=1.0000，值正确。

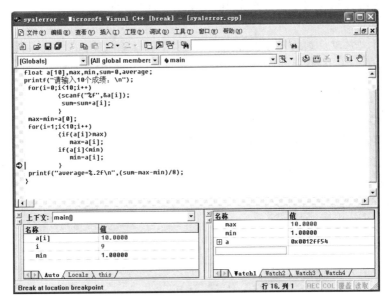

图 7.4 正确取得最大值与最小值

（8）单击 ![Step Over] （Step Over）按钮 2 次，程序跳出 for 循环，箭头指向最后一条语句，在观察窗口中观察变量 max、min 和 sum 的值正确，如图 7.5 所示。

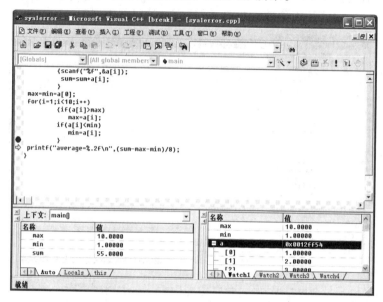

图 7.5　正确的 max、min 和 sum 的值

（9）再次单击 （Step Over）按钮，程序执行到末尾，输出 average=5.50，运行结果正确。

（10）单击 （Stop Debugging）按钮，程序调试结束。

2. 编程题

已知某同学某门课程的平时、实习、测验和期末成绩，求该同学该门课程的总评成绩。其中，平时、实习、测验和期末分别占 10%、20%、20%、50%。

输入输出示例：

请输入平时、实习、测验和期末成绩：

60 70 80 90
总评成绩为：81.0

3. 编程题

输入 n 个整数，将 n 个整数中的最小值与第一个数交换，n 个整数中的最大值与最后一个数交换，然后输出交换后的 n 个数。

输入输出示例：

请输入 10 个整数：

2 3 4 5 1 10 6 7 8 9
交换后的 10 个数：

1 3 4 5 2 9 6 7 8 10

4. 编程题

有一个已排好序的数组（由小到大），现输入一个数插入到数组中，要求插入该数后数组元素仍然有序（由小到大）。

输入输出示例：

请输入 10 个已排序的数：

<u>1 2 3 4 6 7 8 9 10 11</u>
请输入要插入的数：

<u>5</u>
插入后的数列：

1 2 3 4 5 6 7 8 9 10 11

5. 改错题

从键盘上输入 n 个整数，按逆序输出这些数。

输入输出示例：

请输入 10 个整数：

<u>1 2 3 4 5 6 7 8 9 10</u>
逆序后的数列：

10 9 8 7 6 5 4 3 2 1
源程序（有错误的程序）：

```
#include   <stdio.h>
#define N 10
void main( )
{
    int   i,a[N];
    printf("请输入 10 个整数：\n");
    for(i=0;i<N;i++)
        scanf("%d",a[i]);
    printf("逆序后的数列：\n");
    for(i=N-1;i>=0;i++)
        printf("%d ",a[i]);
}
```

【实验结果与分析】

将源程序、运行结果和分析以及实验中遇到的问题和解决问题的方法，写在实验报告上。

二、二维数组

【实验目的】

（1）熟练掌握二维数组的定义、引用和初始化方法。

（2）熟练掌握二维数组的输入、输出方法。

（3）熟练使用二维数组编程的方法。

【实验内容】

1. 调试示例

有一个 3×4 的矩阵，找出其中最小的那个元素的值，以及它所在的列和行。

源程序（有错误的程序）：

```
#include <stdio.h>
void main( )
{ int i,j,row=0,col=0,min;
  int a[3][ ]={{5,2,1,4},{10,12,6,5},{0,7,-2,3}};
  min=a[0][0];
  for (i=0;i<=2;i++)              /*调试时设置断点*/
      for (j=0;j<=3;i++)
          if (a[i][j]<min)
          {
              min= a[i][j];
              row=i;
              col=j;
          }
  /*输出最小元素值以及所在的行和列*/
  printf("min=%d, row=%d, col=%d\n",min,row+1,col+1);
}
```

运行结果（改正后程序的运行结果）：

min=-2,row=3,col=3

（1）打开 VC++编辑窗口，编辑源程序，对源程序进行编译，出现如图 7.6 所示的错误。这些错误信息表示，在定义二维数组 a 时，数组的行长度与列长度必须是常量，且在初始化时列长度是不能省略的。而在程序中定义二维数组时省略了列长度 4。

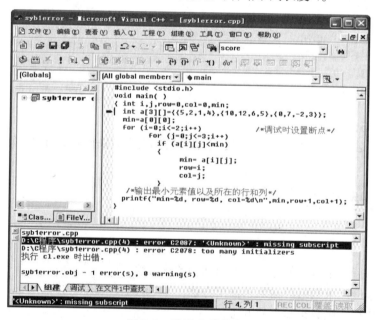

图 7.6 编译出错信息

（2）由于程序对数组全部元素进行了初始化，则可省略行长度，可把"a[3][ ]"改为"a[ ][4]"，重新编译和连接，没有错误信息出现，单击 ！ 按钮，运行程序，运行窗口没有任何输出结果，则程序有问题。关闭运行窗口，准备调试程序。

（3）调试程序开始，先设置断点，具体位置见源程序的注释。

（4）单击 ![Go] （Go）按钮，运行程序，程序运行到第一个断点处，在观察窗口中观察输入的变量 row、col、i、j 的值均正确(由于 i、j 还没有执行到赋值语句，它们的值是个随机数)，如图 7.7 所示。

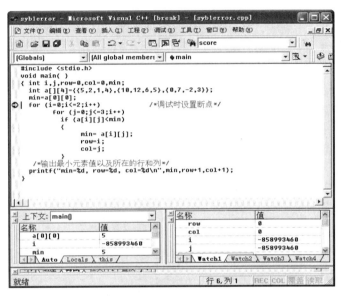

图 7.7　观察变量 row、col、i、j 的值

（5）多次单击 ![Step Over] （Step Over）按钮，查看 i，j 的变化，发现 i 的值不断地变化，且变到 3（i 的值大于 2，越界），而 j 的值始终为 0，并没有按照预想的加 1，如图 7.8 所示。原来第二条 for 语句有问题，循环中的增值表达式应该是"j++"，而源代码误写为"i++"，导致内循环为死循环，因此程序没有运行结果。

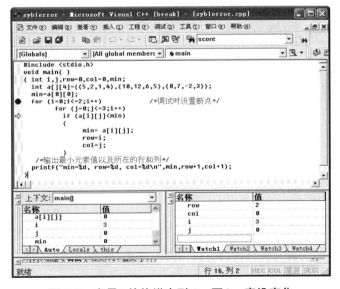

图 7.8　变量 i 的值增大到 3，而 j 一直没变化

（6）找到问题后，单击 按钮停止调试，将"for(j=0;j<=3;i++)"改为"for(j=0;j<=3;j++)"，重新编译和连接，没有错误信息和警告。

（7）单击 ![]按钮，运行程序，在运行窗口中查看输出 min=-2,row=3,col=3，则运行结果正确，关闭运行窗口。

2．编程题

输出一个 3 行 4 列（记作 3×4）矩阵 A 的转置矩阵 A'（行列互换）。

输入输出示例：

请输入 3×4 矩阵 A：

<u>1 2 3 4</u>

<u>5 6 7 8</u>

<u>3 5 7 9</u>

原矩阵 A 为：

1   2   3   4

5   6   7   8

3   5   7   9

转置矩阵 A' 为：

1   5   3

2   6   5

3   7   7

4   8   9

3．编程题

求 3×3 矩阵主对角线之和。

输入输出示例：

请输入 3×3 矩阵：

<u>1 2 3</u>

<u>4 5 6</u>

<u>7 8 9</u>

主对角线之和为：

sum=15

4．编程题

求 6×6 矩阵下三角形元素之和。

输入输出示例：

input 6×6 data:

<u>1 2 3 4 5 6</u>

<u>1 2 3 4 5 6</u>

<u>1 2 3 4 5 6</u>

<u>1 2 3 4 5 6</u>

1 2 3 4 5 6

1 2 3 4 5 6

下三角元素之和为：

Sum=56

5. 改错题

求矩阵 a 和矩阵 b 的乘积矩阵 c。已知：

$$a_{3\times 3}=\begin{bmatrix} 2 & 0 & 1 \\ 1 & 1 & 2 \\ 0 & 1 & 0 \end{bmatrix} \qquad b_{3\times 3}=\begin{bmatrix} 1 & 1 & 2 \\ 2 & 1 & 1 \\ 1 & 1 & 0 \end{bmatrix}$$

输入输出示例：

数列 a:

2	0	1
1	1	2
0	1	0

数列 b:

1	1	2
2	1	1
1	1	0

数列 c:

3	3	4
5	4	3
2	1	1

源程序(有错误的程序)：

```c
#include <stdio.h>
void main( )
{
    int a[3][3]={{2,0,1},{1,1,2},{0,1,0}};        /*定义数组并初始化*/
    int b[3][3]={{1,1,2},{2,1,1},{1,1,0}};
    int i,j,k;
    printf("数列 a:\n");                          /*输出 a 矩阵的元素*/
    for(i=0;i<3;i++)
    {   for(j=0;j<3;j++)
            printf("%5d",a[i][j]);
        printf("\n");
    }
    printf("\n 数列 b:\n");                        /*输出 b 矩阵的元素*/
    for(i=0;i<3;i++)
    {   for(j=0;j<3;j++)
            printf("%5d",b[i][j]);
        printf("\n");
```

```
        }
        printf("\n 数列 c:\n");                    /*计算出 c 矩阵并输出 c 矩阵的元素*/
        for(i=0;i<3;i++)
        {   for(j=0;i<3;j++)
                                                   {   c[i][j]=0;
                for(k=0;k<3;k++)
                                                        c[i][j]=c[i][j]+a[i][k]*b[k][j];
                                                   printf("%5d",c[i][j]);
                                                   }
            printf("\n");
        }
    }
```

【实验结果与分析】

将源程序、运行结果、分析以及实验中遇到的问题和解决问题的方法，写在实验报告上。

三、字符数组与字符串

【实验目的】

（1）熟练掌握字符数组的定义和初始化方法。

（2）熟练掌握字符串的存储和字符串常用函数的使用方法。

【实验内容】

1．调试示例

输入一个以回车符结束的字符串（少于 80 个字符），分别统计其中数字、英文字母的个数。

源程序（有错误的程序）：

```
#include <stdio.h>
#include <string.h>
void main( )
{   int a=0,b=0,i=0;
    char str[];
    printf("请输入一个字符串：\n");
    gets(str);
    for(i=0; str[i]!='\0';i++)                  /*调试时设置断点*/
    {   if(str[i]<='9'&&str[i]>='0')
            a++;
        if((str[i]<='Z'&&str[i]>='A')&&(str[i]<='z'&&str[i]>='a'))
            b++;
    }
        printf("数字个数=%d，英文字母个数=%d \n",a,b);
}
```

运行情况（改正后程序的运行情况）：

请输入一个字符串：

<u>This is 123 computers</u>
数字个数=3，英文字母个数=15

（1）在 VC++的编辑窗口中编辑以上源程序，对源程序进行编译，出现如图 7.9 所示的错误。这些错误信息表示，在定义字符数组 str 时，数组的长度必须是确定的，而在程序中定义字符数组时省略了长度 80，应把 "str[]" 改为 "str[80]"。修改后，重新编译和连接，没有出错信息，但程序的运行结果不正确，需要调试程序。

图 7.9　编译出错信息

（2）程序调试开始，设置一个断点，具体位置见源程序的注释。

（3）单击 （Go）按钮，运行程序，输入 "this 56 and 123"，程序运行到断点处，在观察窗口中观察 str 内容和输入字符串一致，如图 7.10 所示。

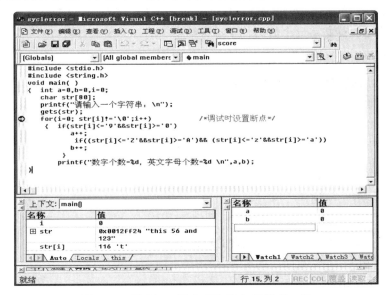

图 7.10　数组 str 的内容和输入字符串一致

（4）多次单击 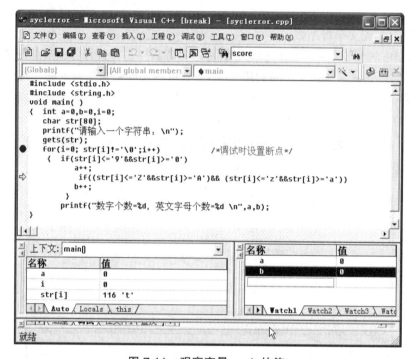（Step Over）按钮，查看 a，b 的变化，如图 7.11 所示，发现虽然 str[] 中的字符是英文字母，但变量 b 的值并未加 1，显然程序有问题。

图 7.11　观察变量 a，b 的值

（5）找出问题后，单击 （Stop Debugging）按钮停止调试，在源程序中查看判断英文字母的 if 语句 "if((str[i]<='Z'&&str[i]>='A')&&(str[i]<='z'&&str[i]>='a'))"，发现，满足两个条件中的任何一个应用 "||" 运算符，而不是 "&&" 运算符。修改后，重新编译和连接，没有错误和警告信息。

（6）取消断点，单击 按钮，运行程序，输入 "this 56 and 123"，在运行窗口中查看，输出：数字个数=5，英文字母个数=7，则运行结果正确，关闭运行窗口。

2．编程题

输入一个字符串，然后将该字符串逆序输出。

输入输出示例：

输入一个字符串：

yes ok

逆序字符串为：

ko sey

3．编程题

输入一个字符串，统计字符串中包含的单词个数。

输入输出示例：

请输入一个字符串：

This is a book!

There are 4 words in the string.

4．编程题

密码输入程序。设计要求：以星号"＊"代替密码字符显示，　6≤密码长度≤12。

输入输出示例：

第一次运行：

Please input the password (6~12 characters):＊＊＊＊＊＊＊

第二次运行：

Please input the password (6~12 characters):＊＊＊＊

the length of the password is less than 6,press any key to continue…

Please input the password (6~12 characters): ＊＊＊＊＊＊＊＊＊＊＊＊

5．改错题

统计并输出给定字符串的长度，不用 strlen 函数。

输入输出示例：

input a string:

This is a book!

The length of string is: 15

源程序（有错误的程序）：

```
# include <stdio.h>
#include <string.h>
void main( )
{
    char str[ ];
    int i;
    printf("input a string:\n");
    gets(str);
    i=0;
    while(str[i]='\0') i++;    /*逐个字符计数 */
    printf("The length of string is: % d \n",i);
}
```

【实验结果与分析】

将源程序、运行结果、分析以及实验中遇到的问题和解决问题的方法写在实验报告上。

实验 8　指针程序设计

一、指针与数组

【实验目的】

（1）理解指针、地址和数组间的关系。

（2）掌握利用指针引用数组元素的方法。

（3）掌握数组名作为函数参数的操作方法。

【实验内容】

1．调试示例

输入 n 个数据至数组 a[10]中（n<=10），利用冒泡法使得数组 a 按从大到小的顺序排序，并输出排序后的数组元素。

源程序（有错误的程序）：

```
#include <stdio.h>
void main( )
{
    int i,j,temp,n,a[10];
    int *p;
    p=a;
    printf("Enter n: ");
    scanf("%d",&n);
    printf("Enter a[n]: ");
    for(i=0;i<n;i++)   scanf("%d",&(p+i));
    for(i=1;i<n-1;i++)              /* 外循环控制循环趟数 */
    {
        for(j=n-1;j>i-1;j--)         /* 内循环控制每趟比较的次数 */
        {
            /*比较前后相邻的 2 个元素，前面的元素比后面的小，则交换 */
            if(*(p+j)>*(p+j-1)) {temp=*(p+j);*(p+j)=*(p+j-1);*(p+j-1)=temp;}
        }
    }
    for(i=0;i<n;i++)   printf("Array a[%d]=%d; ",i,*(p+i));
}
```

运行情况（改正后程序的运行情况）：

Enter n: <u>10</u>

Enter a[n]: <u>9 6 3 8 5 2 7 4 1 0</u>

Array a[0]=9; Array a[1]=8; Array a[2]=7; Array a[3]=6; Array a[4]=5; Array a[5]=4; Array a[6]=3; Array a[7]=2; Array a[8]=1; Array a[9]=0;

课本例 8-8 按从小到大顺序输出成绩，而本题要求从大到小输出数组，所采用的算法仍然是冒泡法。从大到小冒泡排序法如图 8.1 所示。

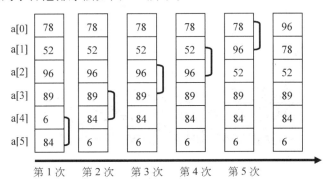

图 8.1 冒泡法排序第一趟比较示意图

在图 8.1 中，因为题目要求从大到小排序，即要求经过一轮排序后最大的数应该被放在第一个元素 a[0]处，故比较的方向是从后往前。数组的最后一个元素 a[5]作为每一趟排序的起始点，第 1 趟比较后，最大的数放在了数组的第 0 号元素 a[0]，则第 2 趟比较只需从 a[5]比较到数组的第 1 号元素 a[1]即可。同理，第 i 趟比较只需从 a[5]比较到数组的第 i 号元素 a[i]。

（1）在 VC++的编辑窗口中编辑以上源程序，并编译程序。编译时出现的错误信息，如图 8.2 所示，双击错误信息，在编辑窗口中出现一个箭头指向错误行。由于 scanf 函数要求的输入参数是地址（或指针），表达式 p+i 的值是地址，故不需要再加 "&"。

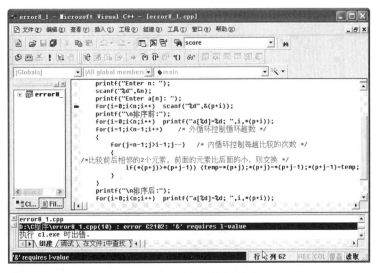

图 8.2 编译时的出错信息

（2）把第 10 行改成 " for(i=0;i<n;i++) scanf("%d",p+i); "，或者改成 " for(i=0;i<n;i++) scanf("%d", &a[i]); "，即可通过编译和连接。

（3）运行程序，输入如图 8.3 所示的数据。

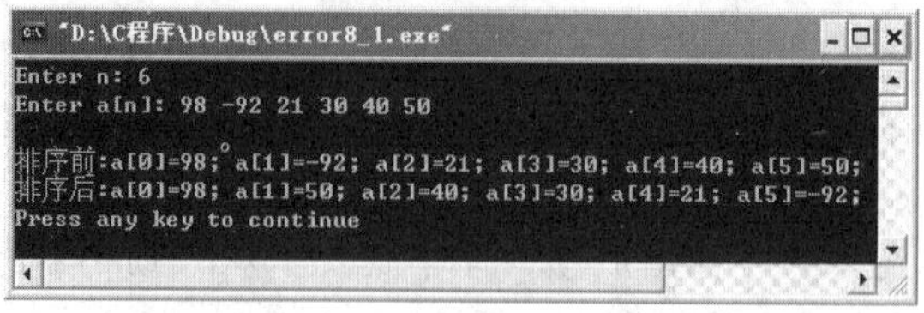

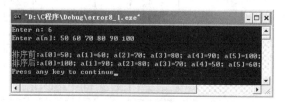

图 8.3 程序运行窗口

在图 8.3 中，输入的 6 个数字按从大到小排序输出，似乎程序已经完全正确。再次运行程序，输入如图 8.4 所示的数据。

图 8.4 程序运行窗口

在图 8.4 中，输入的 6 个数据只有前 4 个数据被排序了，后面 2 个元素的数据还没有排序，为什么呢？

（4）为了找到程序的问题，在程序的内循环中设置了断点，为数组 a 输入 50～100，并利用单步执行（Step Over）按钮再次运行程序，如图 8.5 所示。

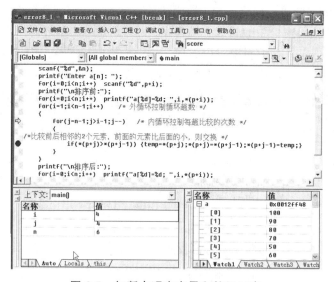

图 8.5 加断点观察变量和数组元素

从图 8.5 可知，i 的值最大为 4，也就是说外循环只执行了 4 趟，少了 1 趟。

（5）仔细观察控制循环趟数的外循环 for(i=1;i<n-1;i++)，发现表达式应该改为 i<n，外循环的趟数才是 n-1。取消断点，修改源代码，编译连接后再次运行时输入同样的数据，结果与题目要求一致。

2. 编程题

有 n 个整数，使各数向后循环移动 m 个位置（m<n）。编写一个函数实现以上功能，在主

函数中输入 n 个整数并输出调整后的数组。

输入输出示例：

第一次运行：

Input n,m:<u>6,3</u>

Input a[6]:<u>1 2 3 4 5 6</u>

After move　　　4　　5　　6　　1　　2　　3

第二次运行：

Input n,m:<u>10,5</u>

Input a[10]:<u>9 8 7 6 5 4 3 2 1 0</u>

After move　　　4　　3　　2　　1　　0　　9　　8　　7　　6　　5

3. 编程题

用指针表示法给一维数组元素输入值，输出各元素的值及元素之和。

输入输出示例：

Please input data of a[6]:

<u>1 2 3 4 5 6</u>

Output arry:

　1　　2　　3　　4　　5　　6

s=21

4. 编程题

输入一个 3×4 的矩阵到二维数组中，求所有元素的和。

输入输出示例：

Please input data a[3][4]:

<u>1 2 3 4 5 6 7 8 9 10 11 12</u>

s=78

【实验结果与分析】

将程序调试过程中遇到的问题和解决办法及运行结果写在实验报告中。

二、指针与函数

【实验目的】

（1）掌握指针作为函数参数的使用方法。

（2）掌握函数指针的应用。

（3）掌握指针作为函数的返回值的方法。

【实验内容】

1. 调试示例

输入两个数的值，通过调用函数实现两个变量值的交换。

源程序（有错误的程序）：

```c
#include <stdio.h>
void main( )
{
    void Exchange(int *ptr1,int *ptr2);
    int a,b,*p1,*p2;
    p1=&a;p2=&b;
    printf("Input a and b:");
    scanf("a=%d,b=%d",p1,p2);
    printf("\t*p1=%d,*p2=%d\n",*p1,*p2);

    Exchange(*p1,*p2);

    printf("After exchange a=%d,b=%d\n",a,b);
    printf("After exchange *p1=%d,*p2=%d\n",*p1,*p2);
}
void Exchange(int *ptr1,int *ptr2)
{
    int *temp;
    temp=ptr1;ptr1=ptr2;ptr2=temp;
}
```

运行情况（改正后程序的运行情况）：

Input a and b:<u>a=10,b=100</u>

*p1=10,*p2=100

After exchange a=100,b=10

After exchange *p1=100,*p2=10

（1）在 VC++的编辑窗口中编辑以上源程序并编译，错误信息如图 8.6 所示。

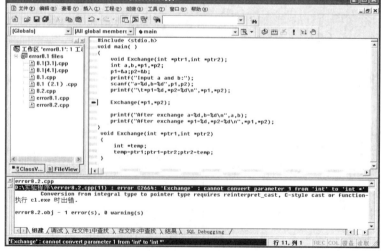

图 8.6　编译产生的错误信息

双击错误信息，进入程序的第 11 行。由于 Exchange 函数的两个形参都是指针，而此处调用 Exchange 函数时，所采用的两个实参是指针所指向变量的值，故提示出错。

（2）把第 11 行的函数调用语句改成 Exchange(p1,p2);，重新编译和连接，不再出现错误信息。

（3）运行程序并输入数据，运行结果如图 8.7 所示。

图 8.7 运行窗口

由图 8.7 可知，程序运行后，a、b 的值并没有交换，而指针所指向的值也没有交换，据此推算，交换函数算法有误。

（4）在程序的第 11 行插入断点，并利用 （Step Into）按钮进入 Exchange 函数内单步执行，如图 8.8 所示。

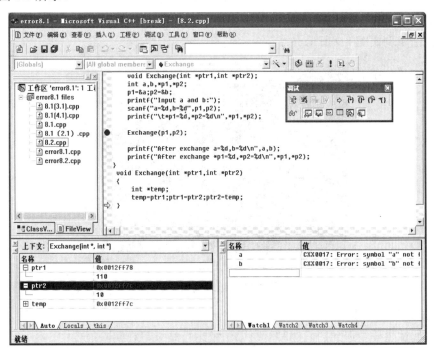

图 8.8 在函数内单步执行

由图 8.8 可知，在交换函数内，交换的是两个形参的指针，不是交换它们所指向的变量的值，故变量的值未能改变。

（5）把 Exchange 函数改成如下形式：

```
void Exchange(int *ptr1,int *ptr2)
{
```

```
        int temp;
        temp=*ptr1;*ptr1=*ptr2;*ptr2=temp;
    }
```
编译连接后运行程序，输出完全正确。

2. 编程题

定义指向函数的指针 pm，使它指向头文件 math.h 的 cos( )、sin( )、tan( )函数，然后利用它来求解双精度变量 x 的余弦值、正弦值和正切值。

注：cos( )、sin( )、tan( )这三个函数的参数单位为弧度，弧度与角度的换算为：

$360°=2\pi$ rad；　$180°=\pi$ rad；　$1°= \pi / 180°$ rad$\approx$0.01745 rad；　1rad $=180°/\pi \approx$57.30°=57°18′.

输入输出示例：

Input x:3.14157

cosx=-1.000000

sinx=0.000023

tanx=-0.000023

3. 编程题

定义一个输出函数 Out，它的其中一个参数为指向函数的指针变量。再定义函数 printf_1 和 printf_2，并把它们作为调用 Out 函数的实参，以实现输出的多样化。

输入输出示例如图 8.9 所示。

图　8.9　输入输出示例

【实验结果与分析】

将程序调试过程中遇到的问题和解决办法及运行结果写在实验报告中。

三、指针与字符串

【实验目的】

掌握通过指针操作字符串的各种方法。

【实验内容】

1. 调试示例

将输入的字符串译成密码输出。密码规律：对大写英文字母用原字母后面的第 4 个字母代替原字母；若遇到大写字母'W'、'X'、'Y'、'Z'，则分别用'A'、'B'、'C'、'D'代替原字母，其余字符不变。

源程序（有错误的程序）：

```
#include <stdio.h>
void main()
 {
     char s[81],*p;
     int i;
     p=&s;                           // 使 p 指向数组 s
     gets(p);                        // 输入字符串存放在数组 s 中
     for(i=0; *(p+i)!='\0'; i++)
     {
         if(*(p+i)>='A'&&*(p+i)<='Z')
           if(*(p+i)>='W'||*(p+i)<='Z')
               *(p+i)='A'+*(p+i)-'W';
           else   *(p+i)=*(p+i)+4;
     }
     puts(p);                        // 输出 p 指向的字符串
 }
```

运行情况（改正后程序的运行情况）：

Hello Gire,Welcome Here!␣ 158␣

Lello Kire,Aelcome Lere!␣ 158␣

程序设计分析：对输入的字符串中的字符逐个判断，按题目的条件对字符处理，直到遇字符串结束符停止处理。

（1）在 VC++的编辑窗口中编辑以上源程序并编译，出现的错误如图 8.10 所示。

图 8.10　编译时的出错信息

（2）双击错误信息，在编辑窗口中出现一个箭头指向出错行第 6 行。由于 p 是指向字符的指针变量，对 p 赋值只能是地址，而数组名 s 本来就代表数组首元素的地址，则不需要再加取地址符号"&"。

（3）把第 6 行改为"p=s;"，编译连接后没有发现错误提示。

（4）为方便观察程序的译码过程，在程序第 8 行插入断点，点击 step over 按钮运行程序，如图 8.11 所示。

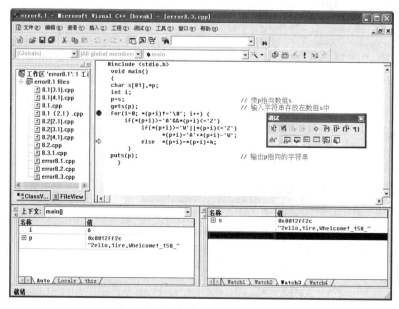

图 8.11　加断点并进行单步调试

（5）由图 8.11 可知，在输入字符串"Hello,Gire,whelcome!_158_"后，句中的大写字母在程序中被修改了，但是修改的值和题目要求的不一致，'H'被译成了'2'，而'G'被译成了'1'，说明译码的算法有误。

（6）在循环中发现，题目要求'W'、'X'、'Y'、'Z'分别用'A'、'B'、'C'、'D'代替原字母，而此处的判断条件为"*(p+i)>='W'||*(p+i)<='Z'"，它的意义是大于等于'W'或者小于等于'Z'要转换，和题目要求不一致。

（7）把 10 行的"if(*(p+i)>='W'||*(p+i)<='Z')"改成"if(*(p+i)>='W'|&&*(p+i)<='Z')"，编译连接后运行，结果正确。

2．编程题

编写一函数，计算字符串长度的函数，并在主程序中调用它。

输入输出示例：

Input the char to a[80]: the Program C!

the length is :14

3．编程题

输入两个字符串 s 和 t，并比较它们的大小。

注：两个字符串的比较，即逐个比较字符串 s 和字符串 t 每个对应位置上的字符，如果 s

字符串与 t 字符串相等，函数返回 0。若比较 s 和 t 时，第一次出现对应位置上的两个字符不等时，返回这两个不相等字符的 ASCII 码值之差。

输入输出示例：

第一次运行：

welcome

welcome

s=t

第二次运行：

welcome

wglcome

s < t

4. 编程题

输入一行文字，统计其中的大写字母、小写字母、空格、数字的个数。

输入输出示例：

WHIO ihuew 1245678 !!**

小写字母:5

大写字母:4

数字:7

空格:3

5. 编程题

要求编写一个函数，对于给定的字符串和字符，查找该字符在字符串中第一次出现的位置（地址）。

输入输出示例：

Please input a string:

oh! it is a tiger!

Please input a char:

i

i-address:12ff30

Substring is:it is a tiger!

【实验结果与分析】

将程序调试过程中遇到的问题和解决办法及运行结果写在实验报告中。

四、指针数组

【实验目的】

（1）理解指向指针的指针及指针数组的概念。

（2）掌握指针数组的基本应用和编程方法。

（3）理解指针与函数间的关系。

（4）掌握指针作为函数返回值的编程方法。

【实验内容】

1. 调试示例

输入星期的英文名称，以#作为输入结束标志，对星期的英文名称按字典的降序排列后输出。星期的英文名称有 7 个，最长的星期英文名称是 9 个字符。

编写程序的思路：输入多个长短不一的字符串，用动态分配方法来为它们分配存储空间，用指针数组来处理字符串排序。

源程序（有错误的程序）：

```c
#include <stdio.h>
#include<stdlib.h>
#include<string.h>
void main()
{
    int i, k = 0,index;
    char * week1 [7], str[10],temp[10];
    printf("请输入星期英文名称，每行一个，#结束输入：\n");
    /*动态输入长短不一的字符串*/
    scanf("%s", str);
    while(str[0] != '#') {
        week1 [k] = malloc(sizeof(char)*(strlen(str)+1));
        strcpy(week1[k], str);
        k++;
        scanf("%s", str);
    }
    printf("输入的星期英文名称是:\n" );
    for(i = 0; i < 7; i++)
        printf("%s ", week1[i]);
    printf("\n");
    /*选择法排序*/
    for(k = 0; k < 6; k++){
        index = k;
        for(i = k + 1; i < 7; i++)
            if(strcmp(week1[i],week1[index])>0)    index = i;
        if(k!=index)
            {temp = week1[index];
            week1[index] = week1[k];
             week1[k] = temp;
            }
    }
```

```
        printf("按字典降序排序后是:\n" );
        for(i = 0; i < 7; i++)
                printf("%s ", week1[i]);
        printf("\n");
}
```

运行情况（改正后程序的运行情况）：

请输入星期的英文名称，每行一个，以#结束输入：

monday

tuesday

wednesday

thursday

friday

saturday

sunday

#

输入的星期英文名称是:monday tuesday wednesday thursday friday saturday sunday

按字典降序排序后是:wednesday tuesday thursday sunday saturday monday Friday

（1）在 VC++的编辑窗口中编辑以上源程序并编译，出现以下错误信息：

cannot convert from 'void *' to 'char *'

Conversion from 'void*' to pointer to non-'void' requires an explicit cast

双击该错误信息，在编辑窗口出现一个箭头指向第 12 行。经仔细分析，发现函数 malloc 的返回值类型是 void ＊，而数组元素 week1 [k]的类型是 char ＊。因此，需要进行类型转换，将该行语句改为：

week1 [k] = (char*)malloc(sizeof(char)*(strlen(str)+1));

（2）重新编译程序，又出现以下错误信息：

cannot convert from 'char *' to 'char [10]'

There are no conversions to array types, although there are conversions to references or pointers to arrays

双击该错误信息，在编辑窗口出现一个箭头指向第 27 行。经仔细分析，发现将 temp 定义为字符数组是错误的，应该定义为字符指针。因此，需要将 char ＊ week1 [7], str[10],temp[10]; 改为 char ＊ week1 [7], str[10],*temp;

（3）重新编译和连接，没有出现错误信息，运行结果与预期符合。

在本程序中，通过 malloc 函数动态分配与各个字符串长短相应的内存单元，同时把首地址放到字符指针数组元素中，从而提高了内存的使用率。

2. 编程题

有红、黄、蓝、白、黑五种颜色的球各一个，每次取出 3 个球，输出 3 种不同颜色球的可能取法。(用指针数组)

输出示例：

1	red	yellow	blue
2	red	yellow	white
3	red	yellow	black
4	red	blue	white
5	red	blue	black
6	red	white	black
7	yellow	blue	white
8	yellow	blue	black
9	yellow	white	black
10	blue	white	black

3. 编程题

从若干个字符串（不超过 20 个）中，将包含某个指定字符串的第一个字符串找出来。其中，字符串的长度不超过 10 个字符。在主函数中动态输入 n 个长短不一的字符串，定义 char *find(char *s[],char *p,int n)实现在指针数组 s 中找包含指针 p 指向的某个指定字符串的第一个字符串。

输入输出示例：

请输入长度不超过 9 的字符串，每行一个，以#结束输入：

Yes

Thankyou

Byebye

#

你输入的字符串是：Yes Thankyou Byebye

请输入你要查找的字符串：you

包含字符串 you 的第一个字符串是：Thankyou

【实验结果与分析】

将源程序、运行结果和分析以及实验中遇到的问题和解决问题的方法写在实验报告上。

实验9 结构体程序设计

【实验目的】

（1）掌握结构体变量的基本使用方法。

（2）掌握结构体数组的基本使用方法。

（3）掌握结构体指针的基本使用方法。

（4）掌握简单的单向链表的基本使用方法。

【实验内容】

1. 调试示例1

输入下表的多个产品信息，输出每个产品名称及利润。其中，利润=销售价格 – 进货成本 – 销售支出。

产品名称	进货成本	销售价格	销售支出
radio	100.00	150.00	20.00
tv	300.00	400.00	30.00

源程序（有错误的程序）：

```c
#include <stdio.h>
void main ( )
{
    int i=0,j;
    char sign;
    struct cp{
        char    name[10];
        float cb;
        float sj;
        float zc;
        float lr;
        } t[10];

    printf("\t\t\t 请输入产品信息");
    while(sign!='n'&&sign!='N')
    {
```

```
        printf("\n\t\t\t 产品名称:");
        scanf("\t\t\t%s",t[i].name);
        printf("\t\t\t 进货成本:");
        scanf("\t\t\t%f",&t[i].cb);
        printf("\t\t\t 销售价格:");
        scanf("\t\t\t%f",&t[i].sj);
        printf("\t\t\t 销售支出:");
        scanf("\t\t\t%f",&t[i].zc);
        t[i].lr=(t[i].sj-t[i].cb-t[i].zc);

        printf("\t\t\t 是否继续输入记录?(Y/N)");
        scanf("\t\t\t%c",&sign);   /*读入用户选择到 sign 变量*/
        i++;
    }
    for (j=0;j<i; j++)      /* 调试时设置断点 */
    printf ("%s 利润: %-7.2f\n",cp.name, cp.lr);

}/* 调试时设置断点 */
```

运行情况（改正后程序的运行情况）：

请输入产品信息

产品名称:radio

进货成本:100

销售价格:150

销售支出:20

是否继续输入记录?(Y/N)y

产品名称:tv

进货成本:300

销售价格:400

销售支出:30

是否继续输入记录?(Y/N)n

radio 利润: 30.00

tv 利润: 70.00

（1）在 VC++的编辑窗口中编辑以上源程序，编译和连接程序。

（2）调试程序开始，设置断点（参照源程序注释）。

（3）按 F5，输入数据，程序运行到断点处，在观察窗口中输入 t，观察结构体数组 t 的元素值与输入数据一致，如图 9.1 所示。

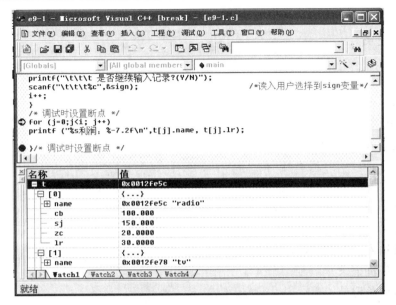

图 9.1　设置断点并调试

（4）按 F5，程序运行到第二断点处，运行窗口显示结果符合程序要求，如图 9.2 所示。

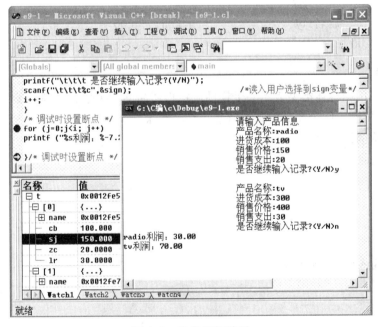

图 9.2　程序运行结果

（5）按 Shift+F5，结束程序调试。

2．编程题

售价统计。用结构体类型表示一个连锁店销售产品的相关信息（商店编号、商店名称、电视、冰箱），再输入两个产品的基本信息，然后统计电视机的最高售价、最低售价和平均售价，输出相关统计结果记录。

输入输出示例：
输入产品记录
店号:<u>001</u>
店名:<u>hl</u>
电视:<u>300</u>
冰箱:<u>1000</u>
是否继续输入记录?(Y/N)<u>y</u>
店号:<u>002</u>
店名:<u>ty</u>
电视:<u>330</u>
冰箱:<u>110</u>
是否继续输入记录?(Y/N)<u>n</u>
统计电视售价记录
电视共有两条记录
最低价:
店号: 001　　　　店名: hl　　　　　　　售价: 300.00
最高价:
店号: 002　　　　店名: ty　　　　　　　售价: 330.00
平均价: 315.00

3. 编程题

记录删除。用结构体类型表示一个连锁店销售产品的相关信息（商店编号、商店名称、电视、冰箱），再输入两个产品的基本信息，然后删除一个记录，输出显示所有记录。

输入输出示例：
输入产品记录
店号:<u>001</u>
店名:<u>hl</u>
电视:<u>300</u>
冰箱:<u>1000</u>
是否继续输入记录?(Y/N)<u>y</u>
店号:<u>002</u>
店名:<u>ty</u>
电视:<u>330</u>
冰箱:<u>1200</u>
是否继续输入记录?(Y/N)<u>n</u>
删除产品记录
请输入店名:<u>hl</u>
信息删除成功!
显示所有记录

店号	店名	电视	冰箱
002	ty	330.00	1200.00

4．编程题

售价修改。用结构体类型表示一个连锁店销售产品的相关信息（商店编号、商店名称、电视、冰箱），再输入两个产品的基本信息，然后修改一个记录，输出显示所有记录。

输入输出示例：

输入产品记录

店号:001

店名:hl

电视:300

冰箱:1000

是否继续输入记录?(Y/N)y

店号:002

店名:ty

电视:340

冰箱:1100

是否继续输入记录?(Y/N)n

修改产品记录

店名: ty

店号: 002

电视: 340.00

冰箱: 1100.00

是否要修改记录信息?(Y/N)y

1.电视

2.冰箱

请选择您要修改的产品(1~2):1

电视:350

电视售价修改成功!

显示所有记录

店号	店名	电视	冰箱
001	hl	300.00	1000.00
002	ty	350.00	1100.00

5．编程题

商店编号排序。用结构体类型表示一个连锁店销售产品的相关信息（商店编号、商店名称、电视、冰箱），再输入两个产品的基本信息，然后将所有商店编号按从小到大顺序排序，输出排序后的所有记录。

输入输出示例：

输入产品记录

店号:<u>003</u>

店名:<u>hl</u>

电视:<u>300</u>

冰箱:<u>1000</u>

是否继续输入记录?(Y/N)<u>y</u>

店号:<u>001</u>

店名:<u>ty</u>

电视:<u>320</u>

冰箱:<u>900</u>

是否继续输入记录?(Y/N)<u>n</u>

记录信息排序

店号	店名	电视	冰箱
001	ty	320.00	900.00
003	hl	300.00	1000.00

6. 调试示例 2

以链表形式编程构建学生成绩记录系统，实现新建、显示功能。

源程序（有错误的程序）：

```
/*********学生成绩记录系统的链表实现*********/
#include<stdio.h>          /*引用库函数*/
#include<stdlib.h>         /* malloc()*/
#include<string.h>         /*使用字符串函数时要包含 string.h*/
struct stu{
        int num;                /*存储学生学号*/
        char name[20];          /*存储学生姓名*/
        int score;              /*存储成绩*/
        struct stu *next;       /*存储指向 struct stu 类型数据的指针*/
     };
 main( )
 {
    struct stu *head,*t,*p,*p2;
    char sign;
    /**********建立链表**********/
    int size = sizeof(struct stu);/*获取结点长度*/
    head=t=NULL;          /*空链表*/
    while(sign!='n'&&sign!='N')     /*只要 sign 变量值不是 n 或 N，就开始读取用户输入*/
    {
       p = (struct stu *) malloc(size);   /*申请一个新单元*/
       printf("\t\t\t 请输入学生链表结点记录：\n");
       printf("\t\t\t 学号:");
       scanf("\t\t\t %d", &p->num);/*读入学号*/
       printf("\t\t\t 姓名:");       /*读入姓名*/
```

```
scanf("\t\t\t %s",p->name);
printf("\t\t\t 分数:");        /*读入分数*/
scanf("\t\t\t %d",&p->score);

if(head==NULL)/*如果原来整个链表是空的*/
head=p;/*则将第一个结点的 p 值赋给 h*/
else
t->next=p;/*否则新增结点的 p 值赋给原来链表尾结点的 next 域*/
t=p;
printf("\t\t\t 是否继续输入记录?(Y/N)");
scanf("\t\t\t%c",&sign);        /*读入用户选择到 sign 变量*/
}

/***********输出显示***********/
if(head == NULL)                /*空链表操作  */
{
    printf("\t\t\t 没有记录\n");   /*空链表操作  */
}
printf("\n\t\t\t 你录入的所有学生信息: \n");/*非空链表操作  */
printf("\n\t\t\t    学号姓名    分数\n");
for(p2 = head; p2; p2 = p2->next)/*指针 p 从表头开始不断后移，直到 p 值为空*/
    printf("\t\t\t%8d%20s%6d \n", p2->num, p2->name, p2->score);
}
```

运行情况（改正后程序的运行情况）：
请输入学生链表结点记录：
学号:<u>001</u>
姓名:<u>boy</u>
分数:<u>99</u>
是否继续输入记录?(Y/N)<u>y</u>
请输入学生链表结点记录：
学号:<u>002</u>
姓名:<u>girl</u>
分数:<u>98</u>
是否继续输入记录?(Y/N)<u>n</u>
你录入的所有学生信息:
学号   姓名   分数
   1   boy   99
   2   girl   98

（1）在 VC++编辑窗口中编辑以上源程序，编译和连接程序，运行程序，当输入数据完成后，弹出如图 9.3 所示的错误提示信息。

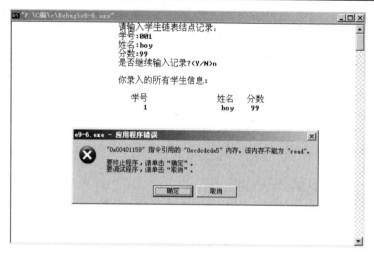

图 9.3 程序运行结果

经仔细分析发现，在新建链表结点时没有将新增结点 next 域置成 NULL，导致出错。因此应在 if(head==NULL)语句前加上*p->next=NULL 语句。

（2）重新编译和连接程序，运行程序，运行情况符合程序要求。

7. 编程题

在调试示例 2 中的新建和显示之间编写部分代码，实现成绩数据排序功能。

输入输出示例：

请输入学生链表结点记录：

学号:<u>001</u>

姓名:<u>boy</u>

分数:<u>99</u>

是否继续输入记录?(Y/N)<u>y</u>

请输入学生链表结点记录：

学号:<u>002</u>

姓名:<u>girl</u>

分数:<u>98</u>

是否继续输入记录?(Y/N)<u>n</u>

你录入的所有学生信息：

学号	姓名	分数
2	girl	98
1	boy	99

8. 编程题

在调试示例 2 中的新建和显示之间编写部分代码，实现成绩数据统计功能。

输入输出示例：

请输入学生链表结点记录：

学号:<u>001</u>

姓名:<u>boy</u>

分数:<u>99</u>

是否继续输入记录?(Y/N)<u>y</u>

请输入学生链表结点记录:

学号:<u>002</u>

姓名:<u>girl</u>

分数:<u>98</u>

是否继续输入记录?(Y/N)<u>n</u>

共有 2 个记录

　　平均分：98.50

　　最高分：

学号	姓名	分数
1	boy	99

　　最低分：

学号	姓名	分数
2	girl	98

9. 编程题

在调试示例 2 中的新建和显示之间编写部分代码,实现成绩数据修改功能。

输入输出示例:

请输入学生链表结点记录:

学号:<u>001</u>

姓名:<u>boy</u>

分数:<u>99</u>

是否继续输入记录?(Y/N)<u>n</u>

是否要修改学生成绩记录?(Y/N)<u>y</u>

请输入要修改信息学生学号:<u>001</u>

请输入要修改信息学生成绩:<u>97</u>

是否继续修改记录?(Y/N)<u>n</u>

你录入的所有学生信息:

学号	姓名	分数
1	boy	97

【实验结果与分析】

将源程序、运行结果和分析情况以及实验中遇到的问题和解决问题的方法写在实验报告上。

实验 10 函数与程序结构

【实验目的】

（1）了解结构化程序设计的基本思想。

（2）掌握使用工程管理多个程序文件的方法。

（3）掌握函数嵌套的使用方法。

（4）掌握递归函数的编写规则。

【实验内容】

1. 编程示例

编写程序，其功能为输入两个数，并求这两个数的和与积。要求建立 3 个文件，分别编写 main 函数、sum 函数和 multiply 函数。

运行情况：

Please input a and b:8 9

a+b=17

a*b=72

先分别编写 3 个源程序文件。

源程序 1（文件名为 exp10_1_1.cpp）：

```
#include <stdio.h>
void main( )
{
    extern int sum(int x,int y );      /* 说明本文件将要使用其他文件中的函数 */
    extern int multiply(int x,int y);  /* 说明本文件将要使用其他文件中的函数 */
    int a,b,result;
    printf("Please input a and b: ");
    scanf("%d%d",&a,&b);
    result=sum(a,b);                   /* 调用外部函数 sum 求 a 和 b 的和 */
    printf("a+b=%d\n",result);
    result=multiply(a,b);              /* 调用外部函数 multiply 求 a 和 b 的乘积 */
    printf("a*b=%d\n",result);
}
```

源程序 2（文件名为 exp10_1_2.cpp）

```
#include <stdio.h>
extern int sum(int x,int y)            /*  定义外部函数 sum  */
{
    int z;
```

```
        z=x+y;
        return z;
}
```

源程序 3（文件名为 exp10_1_3.cpp）

```
#include <stdio.h>
extern int multiply(int x,int y)            /*   定义外部函数 multiply( )   */
{
        int z;
        z=x*y;
        return z;
}
```

整个程序由 3 个文件组成，每个文件包含一个函数，通过工程将以上 3 个源文件连接起来。建立工程的方法如下：

（1）建立工程：打开 Microsoft Visual C++，执行"文件"菜单下的"新建"命令，在弹出的对话框中单击"Win32 Console Application"选项后，在"工程"文件框中输入"exp10_1"，在位置中选择"d:\c_programming"后，"位置"文本框中即显示"D:\C_PROGRAMMING\exp10_1"，如图 10.1 所示。选择"创建新工作区"选项，单击"确定"按钮后，弹出一个对话框，如图 10.2 所示。选择"一个空工程"选项，单击"完成"按钮后，一个工程就建立了。

图 10.1　建立工程

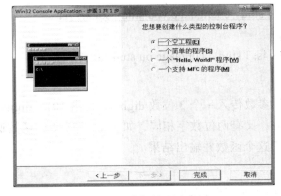

图 10.2　选择控制台程序

（2）添加源程序：执行"工程"菜单下的"增加到工程"命令，在文件中选择 exp10_1_1.cpp，并以同样方式选择 exp10_1_2.cpp 和 exp10_1_3.cpp 后，就将这 3 个源文件全部加入到工程中了。在左侧窗口中单击"FileView"选项卡，再双击"Source Files"展开，就可看到该工程中的所有源文件，此时双击某个源文件名，在右侧窗口中即显示相应的源程序，如图 10.3 所示。

（3）将需要的源文件全部添加到工程中后，再进行编译、连接和运行。

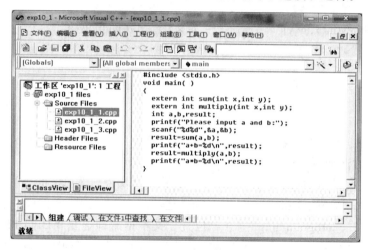

图 10.3　工程中的程序

2. 编程题

编写函数，实现计算字符串的长度，并把长度值作为函数值返回，同时写出相应的主函数。

输入输出示例：

Please input a string: I am a Chinese.
The string length is:15

3. 编程题

编写函数，实现删除一个字符串中指定的字符。要求在主函数中输入原始字符串，以及输出处理后的字符串。

输入输出示例：

Please input a string: I study c language,you study sql server
Please input a char:y
The string after delete is: I stud c language,ou stud sql server

4. 编程题

编写一个函数，利用参数传入一个 3 位数 digital，找出 101 ~ digital 所有满足下列两个条件的数：它是完全平方数，又有两位数字相同，如 121、225 等，函数返回满足条件的数据个数。要求在主函数中调用这个函数并输出结果。

输入输出示例：

Please input a digital(digital>100):300
count=3

5. 编程题

用递归法编写函数，求 Fabonacci 数列中第 n 项的值，返回值为长整型，并写出相应的主函数。Fabonacci 数列 1，1，2，3，5，8，13，21，34，55，… 。

Fabonacci 数列的定义为：

fib(n)=fib(n-2)+fib(n-1)　　　（n≥2）　　其中 fib(0)=0，fib(1)=1。

输入输出示例：

Please input n:<u>8</u>

fib(8)=21

6. 编程题

编写一个计算 x 的 n 次幂的递归函数，并写出相应的主函数。x 为 double 型，n 为 int 型，函数返回值为 double 型。函数中使用下面的格式：

power(x,0)=1.0;

power(x,n)= x* power(x,n-1);

输入输出示例：

Please input x and n:<u>5 3</u>

power(5,3)=125.00

7. 改错题

（1）将字符串中所有指定字符由大写字母转换成小写字母。

源程序（有错误的程序）：

```
convertch(char str[ ],char c)
{
    int k=0;
    while(str[k])
    {
      if(str[k]==c)   str[k]=c-'A'+ 'a';
      i++;
    }
}
void main( )
{
    char ss[50]= "I STUDY C LANGUAGE", ch='U';
    convertch(ss[0],ch);
    printf("%s\n",ss);
}
```

（2）用递归的方法计算学生的年龄，已知第 1 位学生的年龄最小，为 8 岁，其余学生一个比一个大 3 岁，求第 8 位学生的年龄。

源程序（有错误的程序）：

```
void main( )
{
```

```
        int m=8;
        printf("The 8th student age is %d\n",age(m);
    }
    int age(int m)
    {
        return age(m-1)+3;
    }
```

【 **实验结果与分析** 】

将源程序、运行结果和分析情况以及实验中遇到的问题和解决问题的方法写在实验报告上。

实验 11　文件操作

【实验目的】

（1）掌握文件的基本概念。

（2）掌握文件的打开和关闭。

（3）掌握文件的读和写。

【实验内容】

1. 调试示例

从键盘上输入一行字符，保存到文件 c:\ex1.txt 中。

源程序（有错误的程序）：

```
#include <stdio.h>
void main( )
{
    char ch;
    FILE    *fp;

    if((fp = fopen("c:\ex1.txt", "w")) == NULL)
    {
        printf("Cannot Open File!\n");
        exit(0);
    }
    while((ch = getchar()) !='\n' )
        fputc(ch, fp);
    fclose(fp);
}
```

（1）在 VC++的编辑窗口中编辑以上源程序并编译，出现以下错误信息：

warning C4129: 'e' : unrecognized character escape sequence

warning C4013: 'exit' undefined; assuming extern returning int

（2）双击第一条警告信息，在编辑窗口中出现一个箭头指向语句"if((fp = fopen("c:\ex1.txt", "w")) == NULL)"，检查发现"c:\ex1.txt"应为"c:\\ex1.txt"。

（3）双击第二条警告信息，在编辑窗口中出现一个箭头指向语句"exit(0);"，检查发现文件声明部分缺少"#include <stdlib.h>"。

（4）再次编译检查没有错误，执行 ex1.exe 文件后，按提示输入任意字符串。双击打开 c:\ex1.txt，可以看到里面的内容和键盘输入的一致。

2. 编程题

读入一个文件，统计其中数字的个数，并输出到屏幕上。

3. 编程题

从键盘输入一个字符串，以自己的姓名开头字母为文件名的文本文件（文件后缀.txt）。

4. 编程题

读入一个文件，将其中的小写字母全部转换成大写字母，另存为以自己的姓名开头字母为文件名的文本文件（文件后缀.txt）。

5. 编程题

编写一个程序，比较两个字符文件的内容是否相同，并输出两个文件首次出现不同的行号和位置。

6. 编程题

有 5 个学生，每个学生有 3 门科目的成绩，从键盘输入学生数据（包括学号、姓名、成绩），保存在文件 stufile.txt 中。

20101126	林涛	100	96	99
20101127	邓平	85	75	80
20101128	李兵	86	88	86
20101129	方萍	94	91	85
20101130	龙荣	91	73	90

7. 编程题

打开上题中的 stufile.txt，计算每门科目的平均分，并记录到新文件 averge.txt 中。

8. 改错题

从键盘输入一行字符，写入一个文件，再把该文件内容读出并显示在屏幕上。
源程序（有错误的程序）：

```
#include<stdio.h>
void main( )
{
    FILE *fp;
    char ch;
    if((fp=fopen("c:\csource\string.txt","wt+"))==NULL)
    {
        printf("Cannot open file,any key exit!")
        getch();
        exit(1);
    }
    printf("input a string:\n");
    ch=getchar();
```

```
    while (ch!='\n');
    {
        fputc(ch,fp);
        ch=getchar()
        rewind(fp);
        ch=fgetc(fp);
    while(ch==EOF)
    { putchar(ch);
      ch=fgetc(fp);
    }
    printf("\n");
    fclose(fp);
}
```

【实验结果与分析】

将源程序、运行结果和分析情况以及实验中遇到的问题和解决问题的方法写在实验报告上。

参 考 文 献

[1]   颜晖. C 语言程序设计实验指导[M]. 北京：高等教育出版社，2008.

[2]   谭浩强. C 程序设计题解与上机指导[M]. 2 版. 北京：清华大学出版社，2000.

[3]   马金忠，彭明，张向利，等. C 语言程序设计习题解答与实验指导[M]. 桂林：广西师范大学出版社，2004.

[4]   温海，张友，童伟. C 语言精彩编程百例[M]. 北京：中国水利水电出版社，2004.

[5]   杨开城. C 语言程序设计教程、实验与练习[M]. 北京：人民邮电出版社，2006.